U0159182

新工科背景下地方高校
通信工程专业教学改革研究

郭铁梁 ◎ 著

西南交通大学出版社
·成　都·

图书在版编目（CIP）数据

新工科背景下地方高校通信工程专业教学改革研究 /
郭铁梁著. —成都：西南交通大学出版社，2022.9
ISBN 978-7-5643-8930-7

Ⅰ．①新… Ⅱ．①郭… Ⅲ．①地方高校 – 通信工程 –
专业 – 教学改革 – 研究 Ⅳ．①TN91-41

中国版本图书馆 CIP 数据核字（2022）第 173722 号

Xin Gongke Beijing xia Difang Gaoxiao Tongxin Gongcheng Zhuanye Jiaoxue Gaige Yanjiu
新工科背景下地方高校通信工程专业教学改革研究
郭铁梁　著

责 任 编 辑	赵永铭
封 面 设 计	何东琳设计工作室
出 版 发 行	西南交通大学出版社 （四川省成都市金牛区二环路北一段 111 号 西南交通大学创新大厦 21 楼）
发 行 部 电 话	028-87600564　028-87600533
邮 政 编 码	610031
网　　　址	http://www.xnjdcbs.com
印　　　刷	成都蜀通印务有限责任公司
成 品 尺 寸	170 mm × 230 mm
印　　　张	11
字　　　数	202 千
版　　　次	2022 年 9 月第 1 版
印　　　次	2022 年 9 月第 1 次
书　　　号	ISBN 978-7-5643-8930-7
定　　　价	58.00 元

前言 ‖ PREFACE

在新工科和工程教育专业认证的大背景下，地方高校通信工程专业急需进行与之相关的研究与改革。本书围绕工程教育认证的三个核心理念，依据学校本科教育定位，以行业和社会发展需求为切入点，以培养知识、能力和素质兼备的通信人才为目标，分别从工程教育专业认证、课程思政、专业及基础课程教学改革、校企协作与实训基地建设及科研促进教学等方面，研究总结了通信工程专业人才培养改革的一些成果。本书共分为 5 章，主要研究内容如下。

第 1 章以梧州学院通信工程专业为例，首先对新工科背景下以工程教育专业认证为导向的通信工程专业建设的研究与改革做系统性的阐述，然后对工程教育专业认证视域下的课程思政实施策略进行研究与实践论述。

第 2 章以大学物理教学中两个典型问题为例，对基础教学的改革问题进行简单的研究和论述，起到抛砖引玉的作用。首先论述的是大学物理静电平衡教学的理论挖掘与工程实践，然后就大学物理演示实验方面的问题——基于虚拟与真实仪器优化整合的物理演示实验设计与实践进行讨论。

第 3 章以通信原理、数字通信及信号与系统等专业课程为例，进行相关的教学方面的知识探讨，展示教学改革研究成果，首先介绍通信原理教学及数字通信教学中带通信号的包络分析及 Matlab 仿真，然后论述了信号与系统课程线上线下混合式微课教学的研究与实践。

第 4 章针对通信工程专业建设的特点，从校企协作与实训基地建设两方面进行研究和探讨，首先进行新工科背景下校企协同育人关键问题分析及机制探索，然后探讨了以实训基地为依托培养通信工程专业学生实践及创新能力的研究，最后以梧州学院为例，对协同视域下面向地方光电产业的新工科人才培养实践创新平台建设的改革，以及通信工程专业在其中所起的作用进行了探索与实践。

第 5 章以水声通信中的两个典型科研实例，对科研促进教学进行阐述，首先介绍水声信道相干多径特性仿真研究，然后探讨了基于 Matlab 的时延差编码被动时反镜水声通信系统仿真实验设计。

本书的有关研究工作得到下列研究项目的资助：

教育部第二批"新工科"研究与实践项目"协同视域下面向地方光电产业的新工科人才培养实践创新平台建设的探索与实践"（E-DZYQ20201426）；

广西高等教育本科教学改革工程重点项目"新工科背景下以工程教育专业认证为导向的地方高校通信工程专业建设改革与实践——以梧州学院为例"（2021JGZ159）；

梧州学院教育教学改革工程项目"工程教育专业认证视域下的课程思政实施策略研究与实践——以信号与系统课程为例"（wyjg2021A005）；

梧州学院教育教学改革工程项目"省级一流专业依托下基于'成果导向'的通信工程专业建设研究与改革"（wyjg2022A037）；

梧州学院教育教学改革工程项目"通信工程专业教学团队研究与探索"（wyjg2019A035）。

在著书过程中，作者参考引用了本研究领域相关文献的部分内容及资料，在此对各位学者的贡献表示感谢。

由于著者水平有限，本书难免存在疏漏与欠妥之处，欢迎读者批评指正。

著 者

2022 年 6 月于广西梧州

目 录 ‖ CONTENTS

第4章　校企协作与实训基地建设改革研究　078

第5章　科研促进教学改革研究　108

附录　140

第1章
基于新工科与工程教育认证的地方高校通信工程专业教学改革

    第三次产业革命催生了信息安全、大数据、人工智能等新工科专业，但我国高等院校专业建设和人才培养具有明显的滞后性。新工科专业建设和人才培养不仅需要充足的资金支持，也需要先进的教学设备、完善的课程体系、雄厚的师资队伍和科学的评估体系。工程教育认证是国际通行的工程教育质量保证制度，也是实现工程教育国际互认和工程师资格国际互认的重要基础，是针对高等教育工程类专业开展的一种合格评价。国内院校若想抓住第三次产业革命时机，真正使自己的工科教育达到"双一流"水平，必然要与国际接轨，就要参照《华盛顿协议》（国际工程联盟拟定）规定的各项工程教育专业认证标准进行专业建设和教学工作。通过认证的院校，其工程教育认证的结果将得到协议其他成员认可，通过认证专业的毕业生在相关国家申请工程师执业资格时，将享有与本国毕业生同等待遇。综上，基于新工科与工程教育认证的地方高校通信工程专业教学改革势在必行。本章以梧州学院通信工程专业为例，首先对新工科背景下以工程教育专业认证为导向的通信工程专业建设的研究与改革做系统性的阐述，然后对工程教育专业认证视域下的课程思政实施策略进行研究与实践论述。

1.1 新工科背景下以工程教育专业认证为导向的通信工程专业建设的意义与存在的问题

1.1.1 引　言

1. 新工科的时代背景

为主动应对新一轮科技革命与产业变革、支撑服务创新驱动发展、"中国制造 2025"等一系列国家战略，2017 年 2 月以来，教育部积极推进新工科建设，先后形成了"复旦共识"[1]、"天大行动"[2]和"北京指南"[3]，并发布了《关于开展新工科研究与实践的通知》《关于推进新工科研究与实践项目的通知》，全力探索形成领跑全球工程教育的中国模式、中国经验，助力高等教育强国建设。"复旦共识""天大行动"和"北京指南"构成了新工科建设的"三部曲"，奏响了人才培养主旋律，开拓了工程教育改革新路径。目前，国家正在深入系统地开展新工科研究和实践，从理论上创新、从政策上完善、在实践中推进和落实，逐步将建设工程教育强国的蓝图变成现实，建立中国模式、制定中国标准、形成中国品牌，打造世界工程创新中心和人才高地。

新工科专业，主要指新兴产业的专业，以互联网和工业智能为核心，包括大数据、云计算、人工智能、区块链、虚拟现实、智能科学与技术等相关工科专业。新工科专业是对传统工科专业的升级改造，相对于传统的工科人才，未来新兴产业和新经济需要的是学习能力强、实践能力强、创新能力强、具备国际竞争力的高素质复合型新工科人才。

广西高校新工科研究与实践联盟，成立于 2017 年 11 月，由广西大学发起，广西全区 34 所高校组成，旨在共同研讨新工科建设的理念、方法和体制机制[4]。该联盟达成共识，即广西建设发展新工科，要面向当前和未来产业发展需要，主动优化学科专业布局，促进现有工科的交叉复合、工科与其他学科的交叉融合；要主动对接广西地方经济社会发展需要和企业技术创新要求，深化产教融合、校企合作、协同育人；要增强学生的就业创业能力，培养大批具有较强行业背景知识、工程实践能力、胜任行业发展需求的应用型和技术技能型人才。

推进新工科建设是国家实施创新驱动发展战略、推进供给侧改革、实现产业结构转型升级的必然要求，为地方高校在转型发展中探索新的应用型人才培养模式、推进产教融合协同育人提供了难得的历史机遇。从国家到地方都高度重视新工科背景下高校工程教育对推动经济社会发展的支撑和保障作用，并做出了系统性制度安排。大部分地方学院目前新工科建设正处于起步阶段，特别对于通信工程专业与新工科相关的教学改革研究还处于空白状态。因此，加强教学改革研究对地方院校通信工程专业在新工科背景下抢抓机遇进行专业建设具有重大意义。

2. 工程教育专业认证的专业建设导向作用

工程教育专业认证是指专业认证机构针对高等教育机构开设的工程类专业教育的专门性认证，由专门职业或行业协会（联合会）、专业学会会同该领域的教育专家和相关行业企业专家一起进行，旨在为相关工程技术人才进入工业界从业提供预备教育质量保证。工程教育是我国高等教育的重要组成部分，在高等教育体系中"三分天下有其一"。工程教育在国家工业化进程中，对门类齐全、独立完整的工业体系的形成与发展，发挥了不可替代的作用。工程教育专业认证是国际通行的工程教育质量保障制度，也是实现工程教育国际互认和工程师资格国际互认的重要基础。工程教育专业认证的核心就是要确认工科专业毕业生达到行业认可的既定质量标准要求，是一种以培养目标和毕业出口要求为导向的合格性评价。工程教育专业认证要求专业课程体系设置、师资队伍配备、办学条件配置等都围绕学生毕业能力达成这一核心任务展开，并强调建立专业持续改进机制和文化以保证专业教育质量和专业教育活力[5]。

我国自 2016 年成为《华盛顿协议》的正式成员以后[6]，地方工科院校按照国家要求，积极开展工程教育专业认证工作，它对于保障工程类专业毕业生培养质量具有重要意义。截至 2019 年年底，全国共有 241 所普通高等学校 1 353 个专业通过了工程教育专业认证，其中包括北京邮电大学、天津大学等在内的 31 所高校的通信工程专业通过了认证[7]。如果说"新工科"建设是基于国家发展战略部署、产业转型升级的需要对高等工程教育提出的新要求，那么工程教育专业认证就是对传统专业的具体升级改造、人才培养模式的创新和持续改进机制的构建。对于地方工科院校在"新工科"的大背景下，如何落实《华盛顿协议》的精神，使"新工科"建设体现工程教育专业认证的"以学生为中心""成果导向""持续改进"三大核心理念[8]，将成为专业建设中的重要使命与任务。

3. 地方院校通信工程专业建设工作中存在的问题

地方院校在新工科建设、工程教育专业认证及专业建设过程中存在着一些共性的问题，例如地域经济发展制约、经费短缺、师资力量不足及生源质量不理想等。除了共性问题，对于不同院校和不同专业，制约其发展的特有问题也存在。对于地方学院通信工程专业建设工作来说，从教学改革的角度分析主要存在以下几个问题：

（1）人才培养方案不能适应新工科背景下工程教育专业认证的要求。

现有的通信工程专业人才培养方案目标主要参考同类院校的传统的教学计划，与社会需求的关联度不够高，产学研合作在专业建设的作用未能充分发挥，专业建设中存在重指标轻建设的现象，专业建设的评价机制有待完善，人才培养方案还不能很好体现应用型人才培养的要求，人才培养方案与专业培养目标的一致性不够高。特别是目前的人才培养方案与工程教育专业认证基于产出导向的标准相差甚远，主要体现在逻辑关系、培养目标、毕业要求和课程体系上。

（2）基础课程教学环节薄弱，专业课程教学浮光掠影，教学中缺少课程思政。

由于基础课及专业基础课的知识难度比较大，有些学生入学分数较低，学习基础课也较吃力，再由于近些年的偏重应用型的教学改革使得基础课的学时量不断被压缩，这导致有些教师和大部分学生对基础课的教学和学习都不够重视，学生出现大量补考及重修现象，甚至多次重修不能通过最后导致不能毕业，并且有一部分学生就是因此不能获得毕业证和学位证。由于学生的基础课环节薄弱，造成学生在后面的专业课学习过程中同样效果不好，对于工程应用中的现实问题不能深入理解，对于专业知识只能走马观花般的了解结论，而不能进行深入思考，更谈不上创新。另外，不论是基础课程还是专业课程，教学过程中课程思政内容严重缺乏，不能充分挖掘和运用各门课程中蕴含的思想政治教育资源，促进思想政治教育与专业知识教育的紧密结合，使课程教学与思想政治理论课同向同行，形成协同效应。

（3）实训实习基地建设质量与数量都存在严重不足。

实习基地是开展实践教学的重要场所，其中包括校内实训基地和校外实习基地两大类。校内实训基地方便易行，但可以提供实训的种类很少。校外实习是强化专业知识、增加学生的感性认识和创新能力的重要综合性教学环节，校外实习基地是培养学生实践能力和创新精神的重要场所，是学生接触社会、了解社会的纽带。因此，校外实习基地的建立对培养适应市场经济发展的技术应用型人才，具有十分重要的意义。由于部分学校实习经费和校内实训基地规模有限，再加上地方经济发展的制约，地方企业不具备接纳大部分毕业生实习的能力，特别是与学生所学专业相适应的企业更是少之又少，上述诸多因素的存在，使得学生的实训实习在实际执行过程中遇到了相当大的困难。

（4）教学、科研还没能形成良性循环体系。

教学与科研相结合不但能促进教学质量的提高，而且是培养应用型人才和"双师型"教师的有效途径之一。另外，对于专业建设工作来说，科研工作也是至关重要的。对于地方院校来说，无论对于教师还是学生，与教学相比，搞科研是相对比较困难的事情，大多数专业教师只是忙于单纯的教学工作，而科研工作成绩几乎为零。另外，学生参与科研的机会更少之又少，目前学校的实际情况也的确如此，所以找到一条教学科研相结合、相促进的良性循环模式就相当重要了。

综上，目前地方高校通信工程专业现有的人才培养方案及课程体系与工程教育认证的标准相比，从培养理念、模式、过程及目标等方面还存在相当大的差距。因此以工程教育专业认证为导向，主动对标工程教育专业认证的标准要求，修订通信工程专业培养方案、重组课程体系、深化课堂及实验教学改革、构建持续改进机制，对于通信工程专业教学改革具有重要意义，下面将从几个方面做具体说明。

1.1.2 通信工程专业教学改革的意义

通信工程专业教学改革主要针对地方学院通信工程专业存在的相关问题，在新工科背景下，以工程教育认证为导向，通过人才培养方案、专业课程体系、教学生产科研整合、实习实训基地建设及校企协同育人等方面的改革，推动专业建设的发展。

1. 有利于在新工科背景下开展通信工程专业建设，夯实新工科建设基础

近年来，大部分地方学校已明确提出奋力推进特色鲜明的应用型高水平大学建设，启动新工科研究与实践，构建新工科专业、改造现有专业，培养服务地方产业发展需要的工程技术人才，试点一批工科专业进

行工程教育专业认证。以梧州学院为例，通信工程专业设立于 2013 年，以育人为根本，以科研促发展，遵照"实基础、适口径、重能力、能创新"的人才培养要求，立足梧州，东融粤港澳大湾区，服务珠西经济带。培养德才兼备、适应通信产业需要、富有实干精神和较强创新意识的应用型人才，致力将"通信工程专业"建成广西一流专业。作为新工科专业，以面向地方光电信息产业，服务地方经济作为办学特色，与电子信息工程、微电子科学与工程等本科专业一起，构成电子信息类专业群。2014 年，电子信息类专业群被广西教育厅确定为广西新建本科学校转型发展首期试点专业群，所依托的机器视觉与智能系统实验室于 2021 年被确认为广西省级重点实验室，广西智能显微设备工程技术研究中心于 2018 年被确认为省级工程中心。通信工程专业建设应结合新工科背景，在现在的基础上进行升级改造，主动对接地方经济社会发展需要和企业技术创新要求，把握行业人才需求方向，利用地方资源，发挥自身优势，在广西区同类高校中抢占先机。所以推进新工科建设为地方高校在转型发展中提供了难得历史机遇，地方高校要对区域经济发展和产业转型升级发挥支撑作用。着力顺应区域发展的优势，对办学定位、专业设置、课程体系、教育教学方法和教学内容等做出主动性变革。

2. 有利于通信工程专业开展工程专业教育认证，推动电子信息类专业群发展

工程教育专业认证是一个整体严格规范的专业培养过程认证，涉及培养目标、培养方式、学生质量、师资队伍、工程能力、就业目标、就业情况等方方面面的认证，要达到工程教育专业认证的水平，需要循序渐进地、一步一步扎实地完成相关工作，而要完成这项复杂的工程，人才培养方案和专业课程体系教学改革是所有工作的基础，是促进工程教育专业认证的第一步。由于目前通信工程专业建设中还存在着许多需要改进之处，如前面提到的人才培养方案、课程教学、实习实训、教学科

研、校企协作及课程思政等问题。并且距离新工科背景下工程教育专业认证的标准要求，还有相当大的差距，所以通信工程专业建设改革迫在眉睫。通过通信工程等专业的工程教育认证，可以使整个学院不同专业之间相互支撑，在师资队伍建设、实习实训基地建设、工程实践能力提升、实验条件建设等方面可充分整合资源，互为犄角推动整个电子信息类专业群的专业建设工作及工程教育认证的顺利进行。

1.1.3 国内外改革现状分析

1. 新工科背景下通信工程专业建设改革研究现状分析

目前，新工科建设正在进入越来越多高校的视野，尤其对于当前面临着转型发展重任的地方高校，新工科建设给其转型提供了重要指南。国内相关学者对新工科的背景、内涵及理念等方面进行了深入研究与分析，文献[9]指出新工科内涵：以立德树人为引领，以应对变化、塑造未来为建设理念，以协调共享为主要途径培养未来多元化、创新型卓越工程人才。文献[10]中基于新工科创新理念进行了电子信息类专业基础实践的教学改革，从加强专业基础课认识、教学模式、理论课程和实践教学三个方面进行多学科交叉融合的创新尝试。文献[11]指出以核心能力培养为出发点，以通信工程领域学生具备工程基础、应用能力、胜任工作和持续发展的实践教育体系为目标，在新工科、智能化、大数据背景下，重新定义实践教学体系，通过实践课程重构的设计模型和设计方法进行顶层设计，将能力培养贯穿始终，形成工程思维与系统思维贯穿全链条模式，让实践体系内的各环节联动起来。文献[12]指出新工科背景下要培养符合学科和社会发展的通信工程技术人才，最直接的方式是课程教学。针对通信类专业课程内容陈旧，教学方式和手段需要更新等问题，提出对通信类专业课程进行金课（一流课程）建设，阐述金课建设的价值，以及如何打造通信类专业课程金课。文献[13]提出劳动教育是高校德智体美劳全面培养体系的重要环节，但当前高校劳动教育普遍与专业教育脱离，出现了劳动教育形式单一、师资队伍缺乏等弊端。新工科背景下的专业教育与劳动教育存在高度相关性，为两者深度融合提供了可能性与必要性。在实践中，可根据产业需求，重构课程体系；加强实践能力培养，构建面向实际工程场景的实践实训体系；加强校企合作，搭建劳动教育和专业教育协作培养平台；共建实践型师资队伍，将高校劳动教育与专业教育深度融合。在文献[14]中，实践能力的培养是当前本科教育的薄弱环节，是高校工科培养体系的重要组成部分。针对通信工程专业实践能力培养的现状，面向新工科的专业建设，立足多角度、多元化和多平台，以交叉融合为建设理念，以创新强化实践环节，以项目驱动领域应用，优化实践内容以满足通信行业需求，拓宽实践方式以加强产业关联。通过构建综合实践体系，深化产教融合以加强校企合作，发挥科研协同以推进教学实践，加强学科引导以拓宽专业视野，旨在提升通信工程专业人才培养质量。

2. 以工程教育专业认证为导向的通信工程专业建设改革研究现状分析

　　工程教育认证对通信工程专业教育有积极的影响。首先，从学生角度来看，在通过工程教育认证后，专业教学将会严格遵循认证机构规定的教育标准，满足教学质量要求，从而为专业教学质量提供了良好的保障；自己的学历将会受到国际认可，有效降低了申请国际通信工程师执业资格的门槛；自身的核心能力、实践能力将会得到显著提升，在未来就业中更有优势；由于工程教育认证更加注重以学生为本，强调应用与实践，因此学生的专业能力将会受到业界广泛认可。其次，从教师的角度来看，由于实际工程教育认证标准与国际先进水平始终保持同步，因此更有助于教师了解通信工程专业人才最新培养趋势；有助于理论教学与实践的统一，增强了课程教学与人才培养的联结；有助于教师系统的整合教学与评价，有效彰显通信工程专业教学成果。最后，从与通信工程专业相关的企业的角度来看，经过工程教育认证的通信工程专业毕业生软实力强，具有非常好的培养潜力[15]。

关于工程教育专业认证导向的专业建设问题的研究，在国内外高等教育改革的研究文献中逐渐成为热点，其原因与国内外大力推进新工科建设、专业认证等导向性政策密不可分。文献[16]针对工程认证中成果导向教育（Outcome Based Education，OBE）理念的贯彻问题、通信工程专业新工科的内涵建设问题，以金课建设为引导，对专业核心课程、学科交叉融合、前沿课程进行精品课程建设；面向新工科建设，改革教学方法和教学内容，深化学科之间交叉融合；建立以学生学习成果为导向的创新实验、实践教学体系，促进产教融合；以贯彻工程认证理念为核心，建设基于学生学习成果的评价机制。在通信工程专业实行的人才培养模式改革和实践，取得了良好的效果。文献[17]指出工程教育认证是中国工程教育专业认证协会对高校工科专业的学生培养质量做的专门性认证，其目的是检验该专业培养学生的工程能力是否达到国际学位互认的要求，并为成为注册工程师打下基础。现阶段工程教育认证已经成为推动专业建设的重要环节，培养方案的制定是工程认证准备工作的核心内容之一，而课程体系是培养方案的关键组成，如何制定和优化课程体系已成为当前教学研究的热点问题。该文献还介绍了合肥工业大学通信工程专业在准备认证过程中修订培养目标、毕业要求和课程体系的基本情况，并指出当前普遍存在的一些共性问题，最后为优化课程体系，强化学生的工程与实践能力提出了一些解决方案，希望对相关专业提高培养质量有一定借鉴。

综上，新经济的发展对传统工程专业人才培养提出了新挑战，必须要有系统完整、科学有效的教学质量体系保障。相对于传统的工科人才，未来新兴产业和新经济需要的是工程实践能力强、创新能力强、具备国际竞争力的高素质复合型新工科人才，他们应该具有较强交叉学科融合能力、自主学习自主创新能力、引领新经济发展能力。因此，面对新工科，地方高校要在教学质量标准和体系建设上下功夫，从培养伊始就强化能力培养。地方高校尤其是地方工科类院校应该将"新兴工科专业人才培养质量标准研制"作为学校转型发展、内涵发展、职业教育水平提升的重要契机和重要抓手，积极参与和跟进"新工科研究与实践项目"，寻找本校人才培养质量标准尺度。而这些问题，现有的学者和专家却并未涉及。

另外，在工程教育专业认证方面，国内既有相关文献存在以下不足：一是对工程教育认证理念的研究依然处在理论探索阶段，研究切入点与方向尚未形成完善的体系。二是目前既有文献还没有出现将工程教育认证理念与国家"双一流"建设相融合的研究，一流专业建设与工程教育认证理念的交叉论证、建设途径、推进困难以及建设成效等亟待理论论证与实践探索。三是由于办学层次、水平定位不同，地方院校如何结合电子信息行业地方特色、有限的办学资源、现实基础等多环境因素下推进工程教育认证，正是当前迫切、亟需研究的热点与难点问题。

1.1.4 研究的主要内容与改革目标

1.主要研究内容

本书在新工科背景下，以工程教育专业认证为标准和导向，针对目前通信工程专业建设中存在的不足之处，对照新工科的核心内涵和工程教育专业认证的通用标准，重点在专业培养目标制定、课程体系设置、课程教学大纲修订、授课理念和方式转变、持续改进机制的建立等问题上进行研究与实践。

（1）修订现有人才培养方案。

开展培养方案的完善要结合新工科背景下工程教育专业认证工作的要求，围绕学校办学定位和人才培养目标，以"培养效果与培养目标的达成度、办学定位和培养目标与社会需求适应度、教师和教学资源对学校人才培养保障度、教学质量保障体系运行的有效度、学生和用人单位的满意度"五个度为主线，如图 1-1 所示，下面具体展开说明。

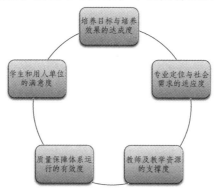

图 1-1　工程教育专业认证人才培养方案的改进标准

①培养目标与培养效果的达成度。

毕业生所获得的知识能力素质在满足国家"出口"质量要求基础上，是否达到专业所制定的培养目标，并通过毕业生及用人单位的满意度调查，综合评判专业培养目标与培养效果的达成情况。

②专业定位与社会需求的适应度。

通信工程专业办学定位是否符合国家战略和经济社会发展需求，是否与学校的办学定位和人才培养定位相符合，毕业生能否适应社会发展需要。

③教师及教学资源的支撑度。

通信工程专业师资队伍配备、课程体系设置、教学资源配置及教学活动安排是否聚焦学生成才需求展开，能否有效支撑学生核心能力素质的达成。

④质量保障体系运行的有效度。

通信工程专业是否建立"评价—反馈—改进"闭环，是否形成基于产出的内外评价机制和持续改进机制，是否注重质量工程建设并推动专业人才培养质量不断提升。

　　⑤学生和用人单位的满意度。

　　通信工程专业是否从学生学习体验和学习收获出发，对在校生、毕业生、用人单位等利益相关方进行满意度调查，并将调查结果用于专业人才培养过程的持续改进。

　　通过对通信工程专业人才培养方案认真组织调研与研讨，提出适合专业的教育思想与理念。在修订（完善）人才培养方案的过程中，要广泛征求兄弟院校、同行专家、专业教师以及用人单位的意见，要熟悉国家、社会对本专业人才培养的要求，要主动与用人单位部门共同研讨符合应用型人才培养的人才培养方案，并开展人才培养方案的论证工作。

　　（2）修订现有的专业课程教学大纲。

　　课程教学大纲是执行人才培养方案、实现培养目标的教学指导性文件，是组织教学、开展教学质量评价及学生自主学习的重要依据。为进一步加强新工科背景下工程教育专业认证导向下的通信工程专业课程建设工作，在建立科学合理的课程体系的基础上，需要对课程教学大纲进行修订。对于课程体系中的每一门课程，都要按照工程教育认证的标准，明确针对行业需求和培养目标所要达到的毕业要求进行支撑。在教学大纲的修订过程中要遵循如图 1-2 中所示的原则，下面具体展开说明。

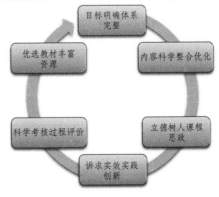

图 1-2　课程教学大纲的修订

①目标明确体系完整。

修订教学大纲首先要明确该课程在整个专业人才培养方案中的地位和作用，确定学生通过学习该门课程应达到的知识目标、能力目标和素质目标，在此基础上设计课程内容、教学安排和课程考核与评价。课程内容安排要完整，不应局限于某一本教材的章节。

②内容科学整合优化。

教学大纲应准确体现课程的基本内容、研究方法和教学安排，课程内容的深度、广度、难度应符合教学目标要求。同时要明确本课程与同专业其他课程的联系与分工，处理好先修课程与后续课程的衔接与配合。还要总结和吸收近年来教学改革、学科发展的新成果，体现行业产业发展的新模式。

③立德树人课程思政。

围绕立德树人的根本任务，挖掘课程中的德育、美育元素，注重将思想政治教育贯穿课程教学始终，注重知识传授、能力培养与理想信念、价值理念培育的协调发展。

④讲求实效实践创新。

实践课程或实践环节应以解决真实问题为目的，实践项目应以创新性、设计性和综合性项目为主，验证性实验为辅，重点培养学生的创新精神、操作技能和综合设计能力，注重将创新创业教育贯穿课程始终。

⑤科学考核过程评价。

根据课程性质和学科特点，采取过程性评价考核方式，设置多元化的评价指标，合理分配成绩比例。

⑥优选教材丰富资源。

优先选用最新的省级、国家级规划教材，获奖的省部级精品教材或学校自编特色教材，有"马工程"教材的要根据规定选用"马工程"教材。课程学习资源还应考虑方便学生自主学习。

（3）课堂理论教学与实践教学模式改革。

如何立足于 21 世纪发展的战略高度把握对大学的定位，与时俱进地改革人才培养模式，提高教学质量和竞争力，缩小社会需求与学校毕业生供给的质量缺口，解决教学中理论与实践的脱节问题，已成为各高校关注的重要课题。将理论教学与实践教学有机联系在一起，将理论教学与实践教学两种典型教学方式的作用与功能进行互补，突出实践教学在培养应用型人才过程中的作用，提出并践行理论教学与实践教学一体化教学模式。人才培养模式具体由基础核心课程、专业课程和就业导向课程组成，具体的课程结构及作用如图 1-3 所示，下面具体展开说明。

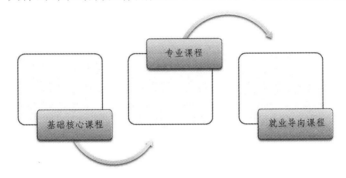

图 1-3　理论教学与实践教学一体化教学模式

①基础核心课程。

基础核心课程模块是按照综合教育和学科基础必修课程来设置，指学生思想道德、身体素质、基本知识与能力素质的培养。

②专业课程。

专业课程模块则按专业核心课程和专业方向与拓展课程来设置，转向专业技能与素养的培养。

③就业导向课程。

就业导向课程模块是在教育上嫁接职业岗位教育，为了满足多样化的学习需求，设置一定数量的职业岗位课程供学生选修，从而进行分流培养。

2. 专业教学改革目标

（1）提出新工科背景下符合工程教育专业认证标准的新的人才培养方案。

提出一套适合新工科背景及要求并且符合工程教育专业认证标准的人才培养模式。根据人才培养特色与定位、校企合作，共建以实际工程为背景、以工程技术为主线的技术应用型人才联合培养体系，着力提高学生的工程意识、工程素质和工程实践能力，充分发挥产学研在人才培养中的协同作用。优化培养方案，注重知识、能力、素质协调发展，形成 2~3 个具有鲜明特色的专业核心课程群，对现有的人才培养方案进行全面修订。

（2）按工程教育专业认证的达成度要求修订专业课程的教学大纲。

根据成果导向教育的反向设计理念，由毕业要求确定课程目标，明确课程的预期学习成果，强调学习结果的描述要以学生为主语、用动词描述，定义学生对知识、能力的掌握程度。其次根据课程目标组织教学内容，确定学生预期学习成果，以学生为主体，通过灵活多样的教学环节达到课程目标。最后围绕课程目标，依据教学环节和教学内容逐项考核，由课程目标对毕业要求的支撑度强弱确定考核比例，所有的课程目标均有适当的考核方式，且每一项考核要有明确的评价标准。

（3）扎实推进课堂理论教学，突出实践教学环节中动手能力的培养。

理论教学与实践教学一体化的人才培养模式和实践教学模式成为地方本科院校实现应用型人才培养目标的一种主要途径，并因此而成为地方本科院校的教学特性。理论的教与学，根本目的在于理论的创新和理论的应用。而要突出理论的创新和应用，必须根据教学实践的构成要素来设计教学活动，即：

①教师的主导作用与学生的主体作用得到充分发挥。

②教师教的目的与学生学的目的高度一致。

③教师进行教的手段与学生学好的最佳手段一致。

④教师教的实践客体（改造的对象）与学生学的实践客体是同一的。

⑤教师、学生的实践结果与实践目的是一致的。

（4）采用线上线下混合式教学模式，利用现代教育技术提高教学质量与教学效率。

加强课堂教学中线上线下混合式教学法的应用，将其独特的优势发挥出来，首先要有效地促进提升教师运用现代先进教育技术的能力，可以有效地提高教学质量。其次，要实现线上线下混合教学模式的改革，就要完善学校的网络设施和教学设备。第三，教师要充分挖掘互联网中与学生所学知识相关的内容与延伸知识，并且对其进行搜集与整合，充分发挥网络教学资源的优势，对学生进行教学。总之，改革的目标是提高教师运用现代教育技术的能力，充分挖掘互联网中的教学资源，转变教师的教学观念，充分发挥线上线下教学模式的重要性，从而能够最大限度地提升教学的质量和学生的学习效果，促进专业建设又好又快发展。

3. 教学改革的创新之处

（1）新工科背景下以工程教育专业认证为导向的通信工程专业建设改革。

新工科的背景为专业建设指明了方向，工程教育专业认证已被越来越多高校作为专业高质量发展的抓手，本研究按照认证理念及标准梳理和重构人才培养目标、毕业要求、课程体系，建立达成度评价和持续改进机制，在专业建设中实施综合改革，推动专业建设与认证标准接轨，更好地适应经济社会发展的需求。

（2）依托重点质量工程项目进行专业建设。

本教学改革研究以电子技术实验教学中心（2009 年获广西高校自治区级实验教学示范中心）、信号与信息处理学科（2010 年获广西高校重点学科）、信息与通信工程学科[2021 年获广西一流学科（B 类）项目]、广西智能显微设备工程技术研究中心、第六批广西博士后实践创新基地等重点质量工程项目建设为依托，将通信工程专业建设与区级实验教学示范中心、广西高校重点学科、广西一流学科的建设有机结合起来。

（3）继承传统理论教学中的成功经验，发挥现代教育技术的优势进行专业建设。

本研究实现同一知识体系的理论和实际紧密结合，利用现代信息技术条件，进行线上线下混合式教学，在传统的教学基础上，结合网上教学平台的资源，通过利用一些先进的现代化的教学手段，以有效提升专业建设的质量与水平。

（4）课程思政与通信工程专业课程体系的整合及融入。

制定教学和德育双重教育目标，充分挖掘专业课程思政内涵，巧妙融入社会主义核心价值观，培养学生创新进取精神，使学生树立坚定的理想信念，实现"显性教育"与"隐性教育"的结合，具有危机意识和社会责任担当意识，更具备科学认识和较高的思想道德修养，实现专业课程"知识传授"与"价值引领"相统一。

4. 拟解决的关键问题

（1）深刻理解新工科专业建设内涵及通信工程专业在新工科建设中的地位作用。

新工科建设是我国高等工程教育主动应对新一轮科技革命与产业革命的战略行动。新工科和新工科建设的内涵可以从三个方面来理解：新工科是概念和理念的共融、是学科和专业的共通，新工科建设是学科建设和高等工程教育改革的共进。通信工程专业属于传统专业，如何将通信工程专业与大数据、物联网、人工智能、基因工程、智能制造、集成电路、空天海洋、生物医药、新材料、新能源等领域进行交叉融合，如何在新工科建设过程中体现通信工程专业的地位及作用，将是本书拟解决的关键问题之一。

（2）如何将工程教育专业认证的达成度要求准确分解并融入人才培养方案和专业课程教学大纲中。

工程教育专业认证的重点材料是人才培养方案和课程教学大纲。首先，认证的逻辑主线是根据现实需求，确定合理的人才培养目标和规格（毕业要求），进而设计、实施课程与教学，并保证师资队伍、办学条件支撑毕业要求的达成。另一方面，认证的专业底线是建立面向产出的教学评价机制及基于评价的教学质量持续改进机制，专业要设计合理的评价方法，对人才培养标准的达成情况进行评价，并通过结果反馈改进教学工作。

1.1.5　可行性分析与研究方案

1. 可行性分析

（1）新工科专业建设与工程教育专业认证的时代契机。

未来若干年是新兴工业革命推动的传统工业化与新型工业化相互交织、相互交替的转换期，是工业化与信息化相互交织、深度融合的过渡期，也是区域经济实力此消彼长的变化期。以上这些都为加快制造业发展和转型升级提供了重要的战略机遇，以人工智能和互联网为核心的新一轮技术和产业革命已经到来，新技术、新产品、新业态和新模式正在蓬勃兴起。工程教育与产业发展联系紧密、互相支撑，新产业的发展依靠工程教育提供人才支撑。培养符合时代发展与产业行业要求的工科人才，建设与发展"新工科"是当前社会产业升级与发展的必然要求，所以本研究在政策上具有可行性。

（2）"信息与通信工程"入选广西一流学科（B 类）建设名单。

2021 年，梧州学院"信息与通信工程"入选广西一流学科（B 类）建设项目，通信工程作为该学科下的一个重点专业，无论在师资力量的投入方面，还是软硬件环境的建设方面，在专业建设过程中都可以得到学科的大力支持。另一方面，"信息与通信工程"入选广西一流学科（B类）建设名单，无论在政策层面还是制度层面，对于通信工程专业的建设工作都会起到导向和促进作用。总之，一流学科的建设过程会带动一流专业的建设进程，学科建设与专业建设相辅相成，从而形成完善的广西特色鲜明的高水平学科专业体系。所以，本研究在学科支撑方面具有可行性。

2. 教学改革基础和环境

梧州学院通信工程专业设立于 2013 年，以面向地方信息产业，服务地方经济作为办学特色，与电子信息工程、微电子科学与工程、机器人工程、光电信息科学与工程等本科专业一起，构成电子信息类专业群。2014 年，电子信息类专业群被广西教育厅确定为广西新建本科学校转型发展首期试点专业群，所依托的机器视觉与智能控制实验室被确认为广西重点实验室，"电子与通信工程"成为广西教育厅硕士专业学位授权建设点。2018 年，广西智能显微设备工程技术研究中心被确认为省级工程中心。2020 年获批第六批广西博士后实践创新基地。

经过多年的本科教学实践与工程技术相关科研工作的展开，以高水平应用型本科高校为目标，以广西一流学科"信息与通信工程"为基础，依托"电子信息工程"为核心的电子信息类专业群，在新工科专业建设背景下，推动相关学科和专业交叉整合，整合梧州学院"国家众创空间""广西智能显微设备工程技术研究中心""机器视觉与智能控制"广西高校重点实验室和"电子技术实验教学中心"广西高校实验教学中心的资源和优势，通过科研、创新创业和教学实验多平台协同，形成"产（产教融合）、赛（赛教融合）、研（科研反哺）、创（创新驱动）"的人才培养新模式。

3. 实施方案

（1）总结目前通信工程专业在工程教育专业认证指标上的差距与不足，分析内因与外因，对照指标要求提出明确的解决及整改方案。

（2）完成人才培养方案和课程体系改革，包括课程教学大纲的改革，以适应工程教育专业认证的要求。以核心专业课程带动相关专业的课程建设，不断完善教学内容，使之更紧密联系实际，逐步形成专业类融合为特色的核心课程群。

（3）完善校内外实验室、实习实训基地建设，加强校企协作，加强学生工程实践能力培养，以适应新工科专业的需求。通过校外实习基地的自主选择、大学生社团和各级各类技能竞赛、教师科研项目、开放实验室、大学生创新创业训练项目等各种形式，鼓励学生更多地参与到专业实践中来。结合专业实际情况，对深入企业实习的学生，采取校企联合指导，并实行双导师制。聘请企业具有丰富经验的工程师和院内指导教师，结合工程实际，共同指导学生完成毕业设计。

（4）加强教学管理和评价体系的改革，建设"规范化、科学化、可量化的教学评价体系"，在原有的教学管理制度的基础上，结合本专业建设的特色和特点，尝试制定出一套适合通信工程专业的管理细则，形成一套相对成熟的通信工程专业教学管理与教学评价体系。

（5）申报通信工程教育专业认证，建立工程教育专业认证标准的两个机制，一是建立教学过程质量监控机制，定期开展课程体系设置和课程质量评价；二是建立毕业要求达成情况评价机制，定期开展毕业要求达成情况评价。促进电子信息类专业工程教育认证，形成地方高校通信工程专业新工科建设示范基地。

以上实施方案可用图 1-4 所示的技术路线图表示。

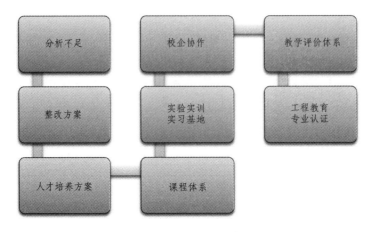

图 1-4　项目实施方案技术路线图

1.2　工程教育专业认证视域下的课程思政实施策略研究与实践[18]

1.2.1　引　言

为了在工程教育中通过专业课程有效实施思政教育，需要进行与之有关的教学策略研究。基于上述问题的解决，主要应用两个教学策略，一是从整个专业的角度进行课程思政，二是通过与专业相关的案例分析具体实施课程思政。通过通信工程专业主干课程的思政教育策略实践和研究，使得课程思政在专业课程建设过程中得以有效地实施。

工程教育专业认证是专业课程建设的国际标准，而课程思政又是具有中国特色的思政教育模式，在专业课程建设过程中如何将二者有机融合，是一个值得思考和研究的课题。因为工程教育的本质是人、环境和科学技术三大要素资源的系统集成过程及其产物，这一过程体现三类规律的互动，即人的活动规律、科学技术发展规律和自然生态演变规律的相互作用、影响和协同。这也表明工程不仅是科学技术要素的集成，也渗透着伦理学、美学等人文要素和经济、管理和法律等社会要素，因而在工程活动中，需要协调处理好三大规律间的辩证关系[19]。2017 年教育部发布《教育部高等教育司关于开展新工科研究与实践的通知》，启动"新工科研究与实践"项目，在该通知中指出了新工科培养的人才不但要德才兼备，而且新工科建设要坚持扎根中国[20]。基于成果导向的专业建设是一个标准化的培养模式，其只注重结果与行为表象，而对于学生的过程培养及情感态度价值观的形成却有其不足之处[20]。将理想、态度、信念、价值观等思政教育元素通过专业课程融入工程教育之中，是解决上述问题的有效途径。对于如何落实工程教育中的课程思政问题，相关学者在模式、方法、理念、机制等多方面做了大量的研究与实践工作[22-24]。本节以通信工程专业为例，从教学策略的角度，对工程教育专业认证导向下的课程思政实施策略进行研究与实践。主要策略应该从整个专业角度出发通盘考虑课程思政，而不应该将课程思政局限于某一课程。另外，应在整个专业范围内进行课程思政典型案例分析，根据专业特点对于案例中的思政元素进行统一的挖掘、分类及整理。这样才能为课程思政在策略层面有效实施指明一个基本框架，避免同一专业不同课程之间各自为政的离散现象发生，使课程思政得到统一规划，提高效率，进而达到在工程教育中实施课程思政有章可循的目的，使得凝聚了中国文化、科技和社会创新的工程科技在中国崛起中发挥关键作用。

1.2.2　工程教育专业认证与课程思政

1. 专业课程建设的国际标准——工程教育专业认证

工程教育专业认证是实现工程教育国际互认和工程师资格国际互认的重要基础，也是国际通行的工程教育质量保障制度。我国自 2016 年成为《华盛顿协议》的正式成员以后[6]，地方工科院校按照国家要求，积极开展工程教育专业认证工作，它对于保障工程类专业毕业生培养质量具有重要意义。截至 2020 年年底，全国共有 257 所普通高等学校 1 600 个专业通过了工程教育专业认证，其中包括北京邮电大学、天津大学等在内的 31 所高校的通信工程专业通过了认证。工程教育专业认证是一种基于成果导向（Outcome Based Education,OBE）的教育模式，"学生中心""成果导向""持续改进"是其三大核心理念[25]，其理论基础是布卢姆（B. S. Bloom）的掌握学习理论和泰勒（R.W. Tyler）的目标模式理论[26]。其优点可从三个方面描述：第一，对于学生，通过认证合格专业的学习并毕业后，就可以进入国际就业市场，从而拓展就业范围；第二对于学校来说，可以把认证标准作为"提高教学质量"的明确合理参考框架；第三对于国家而言，对于整个教育系统能够有效地进行控制。虽然目标导向的工程教育有上述的诸多优势，但其不足之处也是需要考虑的一个重要问题，这往往也是一个容易被忽视的问题，那就是这种工程教育模式在过程培养、个性化培养及情感态度价值观方面存在缺陷与不足。而思政教育在某种程度上会对此加以弥补。

2. 中国特色的思政教育模式——课程思政

对于课程思政，习近平总书记强调要推动全员、全程育人的"大思政"格局，确保课程思政与传统的思想政治理论课协同并行，最终形成具有中国特色的社会主义高校的思想育人机制。教育部印发的《关于加快构建高校思想政治工作体系的意见》及《高等学校课程思政建设指导纲要》，提出了全面推进课程思政的总体要求，为推进高校课程思政改革指明了工作方向,在纲要中特别指出了工科类专业课程思政的指导思想，要通过马克思主义立场观点方法的教育和科学精神的培养，提高学生正确认识问题、分析问题和解决问题的能力，同时要强化学生工程伦理教育，培养学生精益求精的大国工匠精神，激发学生科技报国的家国情怀和使命担当。可见，课程思政是中国特色社会主义办学宗旨的意志体现，是我国高等教育立德树人、回归本心的应有选择。进一步贯彻落实高校思想政治工作的新精神和新要求，加快思想政治工作体系的建立，是高等教育要积极完成的政治任务和时代课题。课程思政的实施首先是从通识教育课程开始，例如上海某高校的"大国方略"课程，而对于专业课程的课程思政理论与实践的探讨，一直是众多学者讨论的热点问题。专业课程思政主要以专业课程作为载体，在工程教育的过程中得以实施，换言之课程思政不是简单说教和机械灌输，而要顺其自然、有机合理地融入专业课程中，否则课程思政将成为空中楼阁、镜中月、水中花。另外，工程教育专业认证过程中的课程思政还要考虑目标成果导向问题，这将使工程教育中的课程思政更加符合时代的要求，使之更具生命力和持续发展的能力。

1.2.3　工程教育专业认证导向下的课程思政实施策略

对于课程思政的实施策略方面的研究，有关学者在关于通识教育的课程思政中做过相关的探讨。文献[27]针对通识教育课程思政分别在教师的培育、资源挖掘、课程体系及政策保障等四方面提出了实施策略。对于专业课程来说，这四个方面当然也是必要的，但专业课程又有别于通识教育课程，对于工程教育中的课程思政，笔者认为仅有上述四个方面的实施策略还不够全面。课程思政顾名思义就是通过专业课程实施思政教育，对于一个专业来说包括若干主干课程，不同的专业课程包含的思政元素不尽相同，有的课程便于思政教育，而有的课程进行思政教育似乎无从下手，给人以生搬硬套牵强附会的感觉。为了平衡有些专业课程在思政教育方面存在的素材不足，应从整个专业的角度通盘考虑思政教育问题，在专业范围内收集挖掘不同课程中的思政元素，然后进行统筹分析与整理形成专业思政素材库，让不同的专业课程根据需求从素材库中抽取思政材料加以应用。以上这种课程思政的实施策略可以使不同的专业课程在思政教育过程中做到有章可循，既可有效进行思政教育又不偏离专业教育方向。

对于专业课程思政素材库的问题，应当针对专业特点，在整个专业范围内采取建立典型思政案例的策略与模式。案例分析约在 1870 年开始应用于法学课堂教学中，是由哈佛大学提出的一套教学方法，早在我国春秋战国时期，诸子百家表达观点、阐明事理就曾大量采用历史事件[28]。对于专业思政案例的选择，首先着力于选好生动的思政案例，这是提高专业课程思政教学水平和专业水平的基础性工作。另外，还应该遵循求真的原则，所选案例中要具有思想价值观及家国情怀等思政要素。通过典型的专业思政案例讲好中国故事，做到以案说理，引领正确的人生观、世界观和价值观，体现新时代中国特色社会主义制度优越性，让思政教育深入人心。

1.2.4 通信工程专业课程思政典型案例分析与实践

通信行业无论是在国防还是民生方面，都起着非常重要的作用。进入 21 世纪以来，在新工科建设背景下，以工程教育专业认证为导向的通信工程专业建设正在进行中。通信技术的发展方向是数字化、宽带化、智能化及网络化，而掌握通信技术的高级专业技术人才，将对上述通信技术的顺利发展有着极其重要的保障作用，这些人才也将成为数字化、信息化生产管理的基本力量。这就要求从事通信行业的人才具有较高的家国情怀和人文素养。在课程教学中可以通过通信的发展历史，重大历史事件对我国社会主义建设的影响，从培养学生的辩证思维方式、爱国教育、社会责任、人生领悟、民族自信等方面入手，将育人要素和专业知识嵌入到专业教学课堂中，凝聚学生对社会主义核心价值观的共识。

1. 通信工程专业典型思政案例分析——北斗导航系统

对于通信工程专业的主干课程来说，选择一个典型的思政案例作为专业代表性案例是非常必要的，而我国的北斗导航系统和其所代表的新时代北斗精神，为通信工程专业的课程思政提供了一个优秀的综合实践型课程思政案例。这个典型案例对于通信工程专业的多数主干课程都可以起到重要的课程思政教育引领作用。从中国古代导航技术的最早记载——指南车，及四大发明之一的指南针，到现代无线电导航、卫星导航、惯性导航、影像与地形匹配导航及激光制导，以至于未来的太空导航和量子导航技术等，让学生了解全世界特别是中国人对于导航通信领域的贡献乃至对未来的展望。整个课程思政案例首先让学生了解卫星导航在军用、民用方面的重要性，以卫星导航的军事应用为背景，通过海湾战争的实例讲解卫星导航的作用，然后阐明美国的 GPS(Global Positioning System，全球定位系统)用户政策，特别是 GPS 的选择可用性和防电子欺骗手段，以及美国对待盟友和非盟友国家的区别，将专业知识与思政教育自然地结合，激发学生的爱国热情。再以我国的北斗卫星导航系统为蓝本讲解详细的卫星导航系统原理，带领同学们回顾我国北斗系统建设的艰难历程、取得的成就，当时面临的国际形势，北斗系统与 GPS 的比较等内容，表 1-1 列出了北斗系统的工程应用问题，这些应用会使学生感受到国家强大的重要性，以及对大国重器核心技术的掌握的关键作用，使学生的专业学习更有使命感和荣誉感。

表 1-1 北斗导航系统与通信工程相关的应用

应用类别	应用内容	对应课程
通信	区域及全球短报文通信	通信原理
定位	星基增强服务及地基增强系统	电磁场与电磁波
精密定位	为精准农业、国土测量及自动驾驶等提供服务	移动通信
国际服务	国际搜救服务	通信网规划
芯片	国产北斗芯片及模块	数字信号处理
出口	国产北斗基础产品出口，有力支撑国家"一带一路"建设	通信网络工程实践

2. 课程思政案例素材的分类

课程思政可以弥补工程教育认证 OBE 教育模式只重视结果、忽视个性化及价值观引领的短板，而专业课程可以作为思政教育的有效载体和媒介，使得思政教育能够落到实处。从整个专业角度全盘考虑课程思政，可以使工程教育与思政教育进行有机结合与互补融合，从而做到高效合理配置课程思政资源，统筹规划专业课程思政的整体框架。通信工程专业主干课程包括"信号与系统""数字信号处理""通信原理""电磁场与电磁波"等课程，下面以上述四门课程为例，从实践角度分析专业课程思政整体实施策略。

专业课程思政案例素材种类繁多，但从其类别上可以分为人物传记、历史事件、时事政策、技术标准等。对于某一门专业课程来说，做到全面包含上述各类思政案例素材存在一定的困难，但如果从整个专业的角度考虑问题，想做到这一点却很容易。如"信号与系统""电磁场与电磁波"这两门课程就能够充分体现傅里叶与麦克斯韦这两位科学家在通信领域的贡献，而"通信原理"这门课在灌输技术标准知识方面占有优势。在深入挖掘某门课程典型案例的同时，不要将这一案例局限于这门课程之中，而要从整个专业的角度扩展到其他课程中，使其他课程也能够利用这些专业素材料达到思政教育的目的。如关于傅里叶的素材不仅可以出现在"信号与系统"课程中，在"数字信号处理"课程中也是重要的思政材料，麦克斯韦的故事不仅在"电磁场与电磁波"课程中重点强调，在"通信原理"课程中也可以讲述。关于从整个专业的角度进行综合性的课程思政实施策略技术路线如图 1-5 所示。

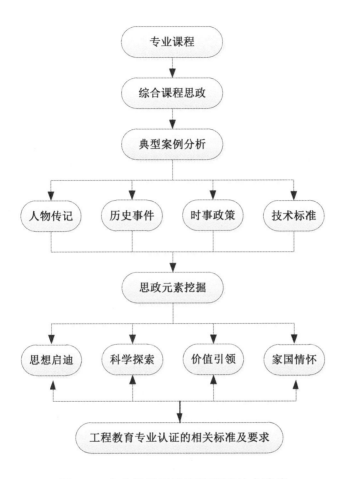

图 1-5　专业课程思政实施策略技术路线

3. 课程思政案例中思政元素的分类

从专业的角度建立典型思政案例的同时，还要对这一思政案例中所包含的思政元素进行深入挖掘与分类，这样才能使这一思政案例具有灵魂和内涵，才能让教师在进行课程思政时抓住重点有章可循。对于一个思政案例，可以从以下几个角度进行思政元素的分类，即从思想启迪、科学探索、价值引领及家国情怀等方面进行思政元素的提取，图 1-5 中也给出了课程思政元素的具体实施策略的技术路线。不同的案例中含有的思政元素可能不尽相同，某一案例可能侧重某一元素，如人物传记类的案例中含有更多的思想启迪和科学探索类的元素，而历史事件和时事政策类案例中可能含有更多的价值引领和家国情怀元素。如傅里叶和麦克斯韦的发现不仅告诉我们一些科学的结论，还告诉我们观察事物的不同视角及物质（场）的运动规律等哲学思想。当然上述分类归属不是绝对的，有些案例中含有的思政元素可能独具特色，如中国的 5G 标准，告诉我们引领世界通信标准的中国故事，其中的家国情怀元素会让人深有感触。

4. 工程教育专业认证视域下的课程思政实践

虽然基于成果导向的工程教育主要侧重于目标及结果，但从其毕业要求十二条中的"素质要求"中可以看出，其中也蕴含着某些思政教育的元素。如第六条——工程与社会：能够基于工程相关背景知识进行合理分析，评价专业工程实践和复杂工程问题解决方案对社会、健康、安全、法律以及文化的影响，并理解应承担的责任；还有第八条——职业规范：具有人文社会科学素养、社会责任感，能够在工程实践中理解并遵守工程职业道德和规范，履行责任[29]。因此，专业课程思政不但要体现这些毕业要求，而且还要丰富和发展这些内容，使其不但符合工程教育的国际标准，还要具有中国特色。纵观整个通信工程专业，存在诸多的思政案例，每一思政案例中又蕴含着侧重点不同的思政元素，下面利用上述案例及其中的思政元素的分类方法，列举通信工程专业中涉及的几个典型专业课程思政案例及其中隐含的思政元素，具体内容如表 1-2 所示。另外，表中又列出了专业课程思政元素对于工程教育专业认证毕业要求的补充与完善。

表 1-2　典型课程思政案例及其蕴含的思政元素

案例名称	思政元素				案例分类	毕业要求
	思想启迪	科学探索	价值引领	家国情怀		
傅里叶变换	哲学的还原主义和分析主义	迎难而上、锲而不舍的钻研精神	积极向上的人生观	应为国家的科技进步而努力	人物传记	人文社会科学素养
麦克斯韦方程	场是物质的一种存在形式	科学的发展离不开理论研究与突破	世界具有物质性、对称性、协变性和统一性	我国在基础理论研究方面还需要更多的人参与	人物传记	人文社会科学素养
华为事件	要谋长远发展，就必须居安思危，对自身的短板要有清醒的认知	自主可控，不断探索核心技术	做事要居安思危、未雨绸缪	民族的技术创新能力强，才能在激烈的潜力比拼中立于不败之地（颠覆性技术）	时事政策	社会责任感
5 G标准	中华民族的伟大复兴势不可挡	国际标准迭代带动产业生态发展	激发学生爱国敬业的核心价值观	培养学生的民族自豪感和自信心	技术标准	工程相关背景知识
狼烟烽火	光通信的早期应用	现代光通信的迅速发展	光通信的发展将造福社会各界	中国古代的通信方式之一	历史事件	工程相关背景知识

综上所述，如何在工程教育专业认证视域下进行有效的课程思政是一个非常重要的问题。本节以通信工程专业为例，对实施课程思政的策

略问题进行了理论及实践的探讨与分析。课程思政通过专业课程实施和完成，但不能局限于某一专业课程，应具有专业全局观念，从整个专业角度进行课程思政，这样才能丰富补充单一课程在思政教育方面存在的不足。另外，在具体实施课程思政的过程中要注意思政案例材料及其中思政元素的分类及挖掘，最后，专业课程思政还要结合工程教育专业认证的标准要求。总之，通过专业角度与案例分析既可以有效实施课程思政，又使得工程教育与思政教育能够互补整合。

参考文献

[1] "新工科"建设复旦共识[J].高等工程教育研究,2017(01):10-11.

[2] "新工科"建设行动路线("天大行动")[J].高等工程教育研究,2017(02):24-25.

[3] 新工科建设形成"北京指南"[J].教育发展研究,2017,37(Z1):82.

[4] 广西34所高校成立"新工科"联盟[OL/EB]. 广西新闻[引用日期2017-11-15].

[5] 第一份《中国工程教育质量报告》"问世"[OL/EB]. 教育部[引用日期2014-11-13].

[6] 王飞,刘胜辉,崔玉祥.工程教育专业认证背景下的地方工科院校新工科建设的思考[J].高教学刊,2021(03):63-66.

[7] 微言教育[OL/EB].发布时间：2020-07-22 17:02 教育部新闻办公室.

[8] 贾惠芹,屈宸光,朱凯然,等.基于OBE理念的工程应用类课程目标达成度评价方法[J].大学教育,2020(12):46-49.

[9] 钟登华.新工科建设的内涵与行动[J].高等工程教育研究,2017(03):1-6.

[10] 张海生．"新工科"建设的背景,价值向度与预期效果[J]．湖北社会科学, 2017, 000(009):167-173.

[11] 韦娟,刘乃安,付卫红,等.面向能力培养的通信工程实践教学体系重构[J].教育教学论坛,2020(41):203-205.

[12] 颜文燕,陆汝华.新工科背景下通信类专业金课建设探索[J].中国教育技术装备,2020(12):52-53,58.

[13] 孙元,付淑敏.新工科背景下劳动教育与专业教育融合研究——以湖南第一师范学院通信工程专业为例[J].湖南第一师范学院学报,2020,20(02):64-67.

[14] 杨宝华,周琼,陈祎琼,等.面向新工科的通信工程专业实践体系建设及探索[J].电脑知识与技术,2019,15(33):110-112.

[15] 黄乘顺．工程教育认证背景下通信工程专业教学改革分析[J]．现代职业教育, 2019(10).

[16] 曾军英,翟懿奎,张昕,等.面向新工科和工程认证的通信工程人才培养模式改革与实践[J].高教学刊,2020(26):107-110.

[17] 孙锐,丁志中,王禄生.面向工程教育认证的通信专业课程体系建设[J].高教学刊,2018(19):188-190,193.

[18] 郭铁梁、张俊杰、俸艳．工程教育专业认证视域下的课程思政实施策略研究与实践——以通信工程专业为例 [J]．梧州学院学报,2022,32(03):71-78.

[19] 王道远、袁金秀、李现者．工程中的唯物辩证法[J]．河北交通职业技术学院学报, 2012, 9(1):3.

[20] 李春江,马晓君,王欣欣.地方高校新工科建设的路径与方法探索[J].创新创业理论研究与实践,2021,4(04):139-141,144.

[21] 张广兵,董发勤,谢鸿全.成果导向教育模式之溯源、澄清与反思[J].黑龙江高教研究,2021(05):12-15.

[22] 鱼海涛,解忧,刘伟.工程教育专业认证背景下理工科课程思政系统化设计与实施[J].高等工程教育研究,2021(03):100-103,151.

[23] 黄泽文."新工科"课程思政的时代蕴涵与发展路径[J].西南大学学报(社会科学版),2021,47(03):162-168.

[24] 刘洪丽,李婧,李亚静,等.基于工程教育认证理念的工科专业"课程思政"教学体系建设方法探究[J].高等教育研究学报,2020,43(03):86-91.

[25] 贾惠芹,屈宸光,朱凯然,等.基于 OBE 理念的工程应用类课程目标达成度评价方法[J].大学教育,2020(12):46-49.

[26] 顾佩华,胡文龙,林鹏,等.基于"学习产出"(OBE)的工程教育模式——汕头大学的实践与探索[J].高等工程教育研究,2014(01):27-37.

[27] 张海军.地方高校课程思政建设的实践路径及推进策略[J].陕西理工大学学报(社会科学版),2021,39(01):21-26.

[28] 赵春辉.提高案例教学学术水平和专业水平的着力点[J].继续教育研究,2021(01):151-154.

[29] 刘思远.工程教育专业认证与课程内容建设:实践诉求、标准与机制[J].黑龙江高教研究,2021,39(07):32-36.

第 2 章
基础课程教学改革研究

在大学生学习的各个阶段，基础课程起着奠定基础、提升素质等重要作用。而相对于专业性与技术性较强的专业课程，基础课程往往以传统教学为主要授课形式，存在着教学方法与手段相对落后等问题。另外，对于地方院校，由于学生的入学基础较为一般，对于基础课程的学习也较为吃力，特别是对于数学与物理的学习，学生学习的整体效果大多不太理想。本书的第 1 章中也提出基础课程教学在专业建设中存在的问题，特别对于通信工程专业来说，基础课程的教学尤为重要。因此，对于大学基础课程的教学改革在整个专业建设过程中成为一个不可忽视的环节。本章将以大学物理教学中两个典型问题为例，对基础教学的改革问题进行简单的研究和论述，以起到抛砖引玉的作用，首先论述的是大学物理静电平衡教学的理论挖掘与工程实践，然后就大学物理演示实验方面的问题——基于虚拟与真实仪器优化整合的物理演示实验设计与实践进行讨论。

2.1 大学物理静电平衡教学的理论挖掘与工程实践[1]

2.1.1 引　言

大学物理课程对于静电平衡这一知识点的教学，通常是介绍基本原理之后，简单列举几个实例，而没有对静电平衡理论进行深层次的理论挖掘。另外，在举例过程中，也未能对静电平衡理论在工程实践中的具体应用细节进行讲解。本节针对上述问题，通过理论分析与史料分析相结合，详细论述了静电平衡理论与库仑定律的关系及静电屏蔽有效性问题，再通过避雷针这一具体实例，结合国家标准，对静电平衡理论在工程实践中的应用细节进行阐述，实践证明这种理论挖掘与工程实践的结合，更有助于学生对静电平衡理论的深层次理解及对工程实践应用方面的更具体的认知。

大学物理课程对于静电平衡这一内容的讲授，更多地侧重于理论本身的讲解，而对于静电平衡理论与其他理论的深层次联系，一般很少做阐述。另外，在对静电平衡理论进行应用举例时，也是停留在简单的书本知识上，而不能对其在工程实践领域的具体应用细节进行详细介绍。为了能使学生对物理学理论进行全面的深层次的联系和理解，而不是简单地知道某个孤立的理论，本节首先简单介绍静电平衡基础理论及其应用——静电屏蔽和尖端放电，然后对静电平衡理论进行深层次的理论挖掘，结合有关物理学史料和高斯定理，将静电屏蔽实验与库仑定律进行联系，再从理论上对静电屏蔽的有效性进行探讨，从而使学生对静电平衡和库仑定律有了新的认知，进而激发学生对于科学研究特别是基础理论研究的兴趣。在静电平衡理论的工程实践应用方面，本节以避雷针应用为例，结合国家标准，介绍了避雷针发展历史、组成、设计及具体应用，以滚球法为具体范例，使学生了解如何将理论知识具体应用到工程实践中，目的是增强学生的实践意识，使学生意识到从理论到实践还需要一个复杂的过程，而不是简单地套用书本知识。

2.1.2 静电平衡的基础理论

导体在外电场的作用下，首先发生静电感应现象，当导体内部及表面不再有电荷作定向移动时，导体达到静电平衡状态。处于静电平衡的导体应从四个方面描述其特点和状态。第一是电场强度，这时导体内部的电场强度处处为零，导体表面处的电场线与该处表面垂直。第二是电势的特点，处于静电平衡的导体内部是等势体，导体表面是一个与导体内部电势相等的等势面。第三是导体上的电荷分布问题，这里的电荷分为两类，一类是导体上携带的外来的净电荷，另一类是构成导体自身的电荷由于静电感应而重新分布的电荷，通常称这两类电荷都是净电荷（这种说法有待商榷）。总之，当导体处于静电平衡状态时，上述两类电荷应该分布在导体的表面。第四是静电平衡导体表面处的场强大小，与该表面处的电荷面密度成正比，而此处的电荷面密度又与该处表面的曲率成正比。

1. 静电屏蔽

　　根据静电平衡导体内部场强为零的特点，可以通过一个导体空腔营造一个不受外界电场影响的空间，从而起到屏蔽外界电场的作用，如图 2-1（a）所示；另外，根据静电平衡导体净电荷分布于导体表面的规律，可以通过将导体外表面接地，从而使导体及其空腔内的电荷不对外界产生影响，从而起到屏蔽内部电场的作用，如图 2-1（b）所示。综上，对静电屏蔽可解释为导体壳内部电场不受壳外电荷的影响，接地导体壳使得外部电场不受壳内电荷的影响，内部电荷对外界也不影响[2]。

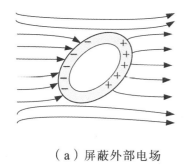
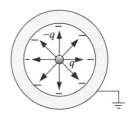

（a）屏蔽外部电场　　　　　　　（b）屏蔽内部电场

图 2-1　静电屏蔽

　　另外，除了图 2-1 所示的理论上常见的空腔导体屏蔽以外，对于导体静电屏蔽问题还应有一个更广义的理解。对于两个（或多个）足够大的导体，将导体外空间分隔成几个区域，当达到静电平衡时，这时分隔空间的导体对各区域空间能够起到屏蔽作用，导体内部空间的零电场对各区域进行了分隔屏蔽，例如无限长电缆就是这种情况的典型应用[3]。

2. 尖端放电

　　根据静电平衡导体表面电荷的分布规律，导体表面曲率越大处电荷面密度越大，从而电场强度越大，这就可能导致此处附近空气被强电场电离而产生放电现象，这就是所谓的尖端放电，一方面尖端放电有其危害性，但另一方面在工程实践中也得到了广泛的应用，例如避雷针就是一个典型的尖端放电应用范例（详细内容将在后文中做具体介绍）。另外，对于尖端放电知识的理解不应局限在大学物理课程范围内，因为尖端放电问题无论在理论上还是应用上，都有着极其广泛的研究与应用空间。例如，在高电压与绝缘技术领域存在的局部放电现象就是一种典型的尖端放电，该现象是由电气设备的导体部分存在突出物缺陷所引起的[4]。由于局部放电理论涉及电介质物理与固体物理等专业理论知识，大学物理课程知识已经难以对其进行详细解释。但对于尖端放电知识进行理论与应用层面的引导，有助于学生对于该问题的思考和进一步探究，从而对学生专业素质的提高起到潜移默化的作用。

2.1.3 静电平衡对库仑定律的验证

1. 有关库仑定律的实验验证

　　库仑定律是一个实验定律，早期被称为电力平方反比定律，该定律最早由英国化学家 J. Priestley 在 1766 年通过实验定性提出电力的距离平方反比规律，随后在 1769 年由苏格兰物理学家 J. Robinson 通过杠杆实验，

得到两个同性电荷的斥力与距离的 2.06 次方成正比的结论[5]。接下来
1772 年英国的 H. Cavendish 利用空腔带电导体实验再次验证了电力平方
反比定律，试验结果是指数偏差不超过 0.02，但遗憾的是当时该结果并
没有及时发表公布。最著名的验证过程是 1785 年法国 C. A. Coulomb 的
扭秤实验，并得到了 4×10^{-2} 的指数偏差，由于 Coulomb 的工作得到了普
遍认可，因而电力平方反比定律被命名为库仑定律。接下来在 1873 年，
英国物理学家 J. C. Maxwell 在 H. Cavendish 工作的基础上进行了改进实
验，并得到了的指数偏差，这一实验结果同时也将埋没百年之久的 H.
Cavendish 的工作为世人所知[6]。直到近代，库仑定律的指数偏差验证工
作仍在继续，1936 年，美国的 S. J. Plimpton 运用新的测量手段得到指数
偏差为 2×10^{-9}，1971 年美国的 E. R. Willemse 等人又将该偏差提高到 10^{-6}
数量级的精度。表 2-1 列出了上述验证过程的相关信息。

表 2-1　库仑定律指数偏差的实验验证数据

库仑定律	指数偏差 δ	代表人物	时间
$F = K\dfrac{q_1 q_2}{r^{2+\delta}}$	0.06	J.Robinson	1769 年
	0.02	H.Cavendish	1773 年
	4×10^{-2}	C.A.Coulomb	1785 年
	5×10^{-5}	J.C.Maxwell	1873 年
	2×10^{-9}	S.J.Plimpton	1936 年
	$(2.7\pm3.1)\times10^{-16}$	E.R.Willemse	1971 年

2. 库仑定律与高斯定理的理论关系

随着电磁学理论体系的完善，对库仑定律正确性的验证不仅停留在
实验验证上，高斯定理的出现，对于证明库仑定律理论的正确性提供了
有力的理论支持。纵观整个电磁学的理论体系，高斯定理与库仑定律的
理论独立性在伯仲之间，有些学者认为高斯定理的独立性地位甚至高于

库仑定律[7]，通过高斯定理可以推导出库仑定律（严格的平方反比关系），也就是说高斯定理与库仑定律的正确性至少具有等价性。说得更清楚一些，就是能够验证高斯定理正确性的实验，也能够间接证明库仑定律的正确性。

3. 静电屏蔽实验对于库仑定律的间接验证

根据高斯定理，结合导体静电平衡电荷分布特点，可以从理论上计算出处于静电平衡的导体内部场强为零，这与利用静电平衡理论通过静电屏蔽实验得到的结论相同。也就是说，用仪器对屏蔽壳内带电与否进行检测，根据测量结果进行分析就可验证高斯定理的正确性。

综上，如果静电平衡乃至静电屏蔽的物理事实有力地验证了高斯定理的正确性，也就间接地验证了库仑定律的正确性，而这里所指的正确性说的是电力平方反比定律的正确性，虽然这是一种间接的验证方式，但与表 2-1 中所列的验证方式最重要的一点不同是，静电屏蔽实验对库仑定律的间接验证结果是平方指数偏差为零。

4. 静电屏蔽有效性的理论探讨

前面探讨了静电屏蔽的基本原理，由此可知静电屏蔽有效性的前提是导体必须达到静电平衡。导体若想达到静电平衡，其内部大量自由电子需重新分布，建立感应电场以完全抵消外电场。如果存在一种极端情况，即由于导体的体积空间限制，当导体某一维度的空间尺寸较小时，由于导体不能提供足够的自由电子，导体内自由电子所产生的感应电场不能完全抵消外电场，则导体不能达到静电平衡，从而静电屏蔽作用无法实现，这就是静电屏蔽的有效性问题。文献[8, 9]利用电磁学的专业知识对上述问题进行了学术探讨，本节将根据大学物理课程知识，从经典物理学的角度来讨论这一问题，通过理论上的引入和深入挖掘，有助于学生对于静电平衡知识的拓展和思考。

如图 2-2 所示，将一面积为 S、厚度为 a 的矩形薄导体板放在一均匀电场（场强大小为 E_0）中，设导体中的自由电子数密度为 n，其数量级为 10^{28} [10]。

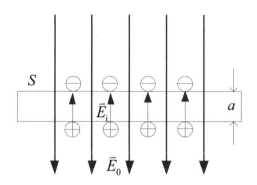

图 2-2　导体静电平衡及屏蔽示意图

下面讨论一下静电平衡（即感应电场完全抵消外电场）时，导体板对应的厚度值 a。这时导体的感应电场强度大小可用下式表示：

$$E_i = \frac{s}{2e_0} = \frac{Q}{2e_0 S} = \frac{ena}{2e_0} = E_0 \qquad （2-1）$$

其中，σ 表示导体表面的电荷密度，Q 表示导体表面的自由电子总电量（假设导体中自由电子已全部移动到导体表面），$e = 1.6 \times 10^{-19}$ 表示电子的电量，$\varepsilon_0 = 8.85 \times 10^{-12}$ 表示真空中的介电常数。则导体板的厚度为

$$a = \frac{2\varepsilon_0 E_i}{en} = \frac{2\varepsilon_0 E_0}{en} \qquad （2-2）$$

一般情况下使导体表面发射电子（阴极射线）的场强，即理想空气的击穿强度大小数量级为 10^8 [11,12]，将以上已知数据（均为国际单位制）代入式（2-2），即可算出此时导体版的厚度 $a_{min} \approx 10^{-12}$。这个厚度值就是使该导体板保持静电平衡的最小值，否则导体表面将发射电子。当然，这个极限厚度 a_{min} 只能在理论上存在，由于现实中原子半径 r 的数量级为 10^{-10}，a_{min} 比 r 小约 2 个数量级，所以不可能存在厚度比原子直径还小的

导体板。假设现实中导体板最小厚度恰好为原子的直径，这时再估算一下外加电场的大小 E_0，将 $a=r\approx 2\times 10^{-10}$ 代入式（2-1）得 $E_0\approx 2\times 10^{10}$，而这样强大的电场只能通过高能加速器才能实现[13]。综上可知，对于宏观经典物理领域的静电平衡，一般不必考虑静电屏蔽的有效性问题，即静电屏蔽不会因导体某一空间维度过小或自由电子数过少而失效的问题。

2.1.4 静电平衡理论在避雷针上的工程应用

1. 雷电的破坏作用

简单来说，雷电是由于空气流动摩擦起电引起的，无风时主要是静电，大风时就会表现出放电现象，一方面是由不同云团相互碰撞产生的，另一方面是由地面上的电荷和空气中的电荷产生放电引起的。雷电的破坏作用主要分为冲击波、电动力效应、雷电流热效应以及雷电的静电感应和电磁感应。中国的雷击灾害较为严重，因此做好对雷电的躲避防御工作，将雷击所造成的损失降低，尤为重要。

2. 避雷针的发展历史

中国是应用避雷针较早的国家，法国旅行家 Cabrio-don DE magran 在 1688 年所著的《中国新事》一书中就记有中国屋脊两龙头铁丝直通地下的应用[14]。而现代避雷针的发明应该归功于美国科学家 B. Franklin，他在 1752 年通过实验设计了避雷针并进行了应用[15]。避雷针的应用技术由此从美洲传至欧洲，再由欧洲传至亚洲乃至全世界。

3. 避雷针国家标准中的相关内容

顾名思义，避雷针有躲避雷电之意，但在中国国家标准《建筑物防雷设计规范》（GB 50057—2010）中，已经用接闪器的名字取而代之[16]。将避雷针改名为接闪器，是因为以前的名称不能科学反映避雷针躲避雷电的基本原理。在使用的早期，人们之所以称其为避雷针，是因为避雷针可以避免房屋等高大建筑物遭受雷击，但当时的人们并不了解它的工作原理。从理论上讲，避雷针对于建筑物的保护，并不是躲避雷电，而是引雷上身，使雷电在避雷针的尖端集中得到释放，再通过接地线将强大的雷电流引入地下，从而使建筑物得到保护。

下面以滚球法（Rolling ball method）为例[17]，简单介绍一下针状接闪器（避雷针）的相关设计问题。滚球法是一种计算接闪器保护范围的方法，它不但是中国国家标准中采用的接闪器设计方法，也是国际电工委员会（IEC）推荐的接闪器保护范围计算方法之一。用某一规定半径的球体，在安装有接闪器的建筑上滚动，这个滚动的球体将受建筑物上的接闪器的阻挡，因而无法触及某些范围，把这些范围规定为接闪器的保护范围，这就是滚球法的基本原理，如图 2-3 所示。由于单针接闪器沿自身的竖直轴具有完全轴对称性，所以任选一个通过竖直轴的轴线剖面，让一个半径为 R 的球沿水平地面滚动，当它遇到高度为 R 的接闪器时被阻挡，让此球翻过接闪器的针尖继续向前滚动，该球离开接闪器后即可看到滚球无法触及的范围，这就是滚球外圆运动轨迹与地面间所围的范围，这是接闪器的剖面保护范围。由于上述保护范围沿竖直轴的轴对称性，令上述运动轨迹线沿竖直轴旋转，因此得到三维空间实际保护范围。如果被保护的建筑完全在该范围内，则该保护是有效的。由几何知识借助计算机即可进行"滚球法"的精确计算。在有关行业专著及文献中对滚球法的计算有具体详细的阐述，这里就不再重述。

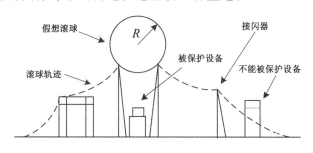

图 2-3　滚球法的设计原理

这里对滚球法的简单介绍，只是起到抛砖引玉的作用，目的是让学生具有工程实践意识和标准意识，让学生知道要想把书本知识应用到实际中，还需要进一步的学习和实践，要想成为一名合格的工程技术人员，不但要读万卷书，更重要的是要行万里路。

综上所述，通过对大学物理静电平衡知识点的理论挖掘，其中主要包括库仑定律、高斯定理及静电屏蔽（有效性）在理论上与静电平衡的渊源，再通过避雷针（接闪器）的工程应用范例介绍，可以得到如下结论：在大学物理课程相关知识的教学过程中，大多情况下要涉及理论与应用方面的问题，单纯的书本知识讲解及简单的理论层面的应用，远远不能满足当今研究型或应用型人才的培养需求。物理学不仅是一门理论体系严密完整的学科，更是一门与工程实践紧密联系的学科，如何使学生在学习书本理论知识的同时能对整个物理学的理论框架和理论根源有所了解，在学习应用知识的同时能够树立工程实践意识，在理论联系实践的过程中能够真正做到学以致用，真正明白物理与工程的关系，这是本书所旨。

2.2 基于虚拟与真实仪器优化整合的物理演示实验设计与实践[18]

2.2.1 引　言

在大学物理教学过程中演示实验有助于学生对物理规律的理解和掌握，但存在实验效果粗略、缺乏严谨性和精密性等问题。针对上述问题，以虚拟相位计设计为例，提出将真实演示与虚拟仪器进行优化整合，在大学物理课堂教学中开展演示实验教学的方法，实现了基于计算机声卡的虚拟相位计的设计。实践表明，这种虚实结合的物理演示实验设计方法，能够克服真实仪器与虚拟仿真实验各自的缺点，并将二者进行优化整合，提高课堂实验效率和教学效果。

工科院校的物理类实验包括大学物理实验、物理演示实验、计算机仿真实验以及虚拟仪器实验等。大学物理实验由于实验通常比较复杂，数据处理量大，通常独立开设课程[19,20]。而在大学物理课程教学中经常要用到演示实验和计算机仿真类实验，演示实验可以生动、直观地表现物理现象，有助于学生对理论知识的理解和掌握，激发学生的学习兴趣，从而大幅度提高教学效果。但演示实验也存在一些不足之处，如实验用的仪器设备在课堂教学中的便携性不好，另外，演示实验只是定性演示，过程中并没有定量数据分析。计算机虚拟仿真类实验能够采集和处理物理数据，虽然可以弥补真实演示实验的缺点，但又忽视了认识过程中的形象思维，缺乏真实感，不能给学生以更好的感性认识。近年来虚拟仪器技术的出现，使得将真实与仿真实验进行整合成为可能。1986 年，美国国家仪器公司（Nation Instruments, NI)提出了虚拟仪器技术，"软件即是仪器"是该技术的核心思想，即利用模块化的高性能硬件，再结合高效灵活的软件，能够完成各种测量、测试及自动化等方面的应用。相较于传统仪器，虚拟仪器具有高效、经济、开发及维护成本低、扩展性好等特点[21]。近年已有一些文献对如何利用虚拟仪器技术设计真实实验进行了探讨，文献[22]提出将示波器原理与虚拟仪器技术相结合,开发了人机交互便捷的用户操作界面和测量结果性能良好的虚拟示波器。文献[23]利用 NI 数据采集和 Lab view 编程环境开发了传感器信号采集虚拟实验平台。文献[24]根据能实则不虚、虚实结合的原则建设虚拟仿真实验平台，介绍了基于虚拟仪器的实验设计理念。综上，目前对于虚拟仪器技术在物理演示实验中的应用还很少，主要研究热点基本集中于虚拟仿真平台的建立，还有一些真实实验仪器的虚拟重现，而对于将虚拟仪器技术与真实物理演示实验相结合进行设计的案例则很少。针对上述问题，本节提出利用虚拟仪器优化真实仪器，并以基于声卡的虚拟相位计设计为例，简化真实实验，提高实验效率，验证数据采集的准确度及数据处理的精确性。

2.2.2 物理演示实验虚拟仪器的设计方法

1. 虚拟仪器及编程语言

虚拟仪器指的是以通用计算机为硬件核心平台，由用户设计定义虚拟面板，再由测试软件完成测试的一种仪器系统。虚拟仪器由应用软件和硬件两部分组成。硬件系统主要包括计算机硬件平台和 I/O 接口设备。软件系统由 I/O 接口仪器驱动程序、虚拟仪器软件体系结构（Virtual Instrument Software Architecture，VISA）库、应用软件等部分组成。其中，应用软件不但能提供丰富的数据分析与处理功能和直观的操作界面来完成自动测试任务，而且可以直接面对操作用户，从而实现了测量仪器的智能化、多样化、模块化和网络化。与传统仪器相比，虚拟仪器的出现是仪器发展史上的巨大变革。它具有性价比高、开放性好、智能化程度高、界面友好、使用方便等突出优点，成为当代仪器发展的一个重要方向。

虚拟仪器编程语言（LabWindows/CVI）是美国 NI 公司开发的交互式 C 语言软件，主要应用于计算机测控领域，这种语言可以在多种操作系统下运行。LabWindows/CVI 以美国国家标准协会 C 语言标准为核心，将数据采集、分析及表达等测控专业工具与功能强大、使用灵活的 C 语言平台进行了有机的结合。它的交互式编程方法、集成化开发平台、丰富的库函数和功能面板，使 C 语言的功能得到了极大增强，为开发人员设计虚拟仪器、数据采集及检测系统、过程监控系统及自动测试等提供了一个非常好的软件开发环境。综合以上特点，LabWindows/CVI 目前已成为最受欢迎的测控软件开发平台之一，在我国也得到了广泛的应用。在 LabWindows/CVI 软件平台上设计虚拟仪器的软件组成框图如图 2-4 所示。

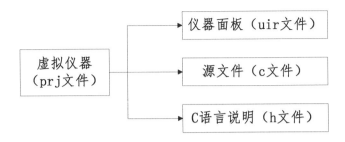

图 2-4　用 LabWindows/CVI 设计的虚拟仪器软件组成框图

由图 2-4 可以看出，prj 文件（工程文件）是程序的主体框架，由 uir 文件（用户界面文件）、c 文件（C 源程序文件）、h 文件（头文件）三部分组成。将全部软件调试成功以后，工程文件就可以被编译成可执行文件。在 LabWindows/CVI 软件平台上，可以利用其强大的接口功能和丰富的函数库，设计出符合用户需求的程序。使用 LabWindows/CVI 编程可由四个基本步骤完成：①进行程序基本框架的制定；②创建用户界面；③编写程序源代码；④创建工程文件并运行。

2. 虚拟仪器与真实仪器的优化整合

目前，在高校的大学物理课程教学过程中，经常用到演示实验辅助理论教学，虽然说演示实验仪器或设备的便携性相对好一些，但由于课堂教学移动频繁，有些实验还可能要用到几台仪器，再加上安装和实验测试需要花费时间较长，所以在某种程度上影响了教师使用这些演示仪器的积极性。另外，由于有些实验需要即时处理大量的数据才能获得结论，在教学任务重而课时少的情况下，物理演示实验在理论课堂上的使用也存在难以克服的困难。考虑到虚拟仪器具有便携性及快速采集分析处理数据的能力，因此利用虚拟仪器的优势在某种程度上可解决真实仪器在课堂教学中存在的问题。真实仪器与虚拟仪器的优化整合，其实是利用虚拟仪器部分替代真实仪器，首先分析真实仪器中适合替代的部分，然后利用虚拟仪器编程语言对其进行设计，在设计过程中要注意真实仪器与虚拟仪器的软硬件的合理衔接。其中最重要的设计要点，是利用数据采集卡连接硬件电路和计算机，完成模拟信号的输入输出及数字信号的输入输出[25,26]。系统采用 LabWindows/CVI 进行软件设计，其功能模块主要包括实验原理、数据结果的存储与分析、数据采集等[27]。另外，软件设计由前面板和程序框图两部分组成，下面以基于计算机声卡的虚拟相位计设计为例说明具体的设计过程。

2.2.3 基于计算机声卡的虚拟相位计设计实例

1. 基于声卡的数据采集及相位差估计算法

作为一种虚拟仪器，虚拟相位计的硬件系统也是由输入输出接口设备和计算机硬件平台组成。被测信号的采集、放大及模数转换等工作主要由输入输出接口设备完成。本设计用计算机声卡进行数据采集，一般的声卡都是由声音控制处理芯片、功放芯片、声音输入输出端口等几部分组成。声卡的核心是声音控制处理芯片，它集成了模数（数模）转换、采样保持及音效处理等电路。被测信号经传感器和衰减电路转化为幅值适当的模拟电信号后，由声卡的"Line In"输入，经过模数转换，存入输入缓存。通过 LabWindows/CVI 软件，实现对信号进行实时处理，处理后的数据送入输出缓存，经数模转换后由"Line Out"输出。在 Windows 环境下，应用程序对声卡波形音频进行处理，具体使用低层音频服务应用程序接口（Application Programming Interface，API）实现对声卡数据的采集[28]，它可以直接与声卡驱动程序进行通信，允许在采样过程中随机访问内存中的采样数据，提供了对声卡的最大灵活性操作，利用低层音频函数进行数据采集的流程如图 2-5 所示。

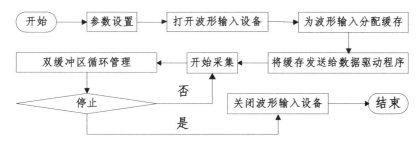

图 2-5 数据采集流程

采集后的数据进入虚拟相位计，然后相位估计器在 LabWindows/CVI 环境下实现相位差的估计，其主要包括左右通道数据分离、相位差估计和平滑处理三部分，过程如图 2-6 所示。

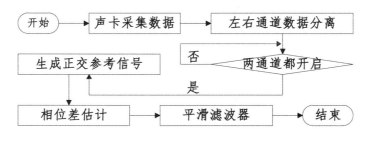

图 2-6 相位差计算流程

2. 虚拟相位计的性能测试

（1）虚拟相位计电压的标定。

声卡在进行数据采集或输出时，不提供基准电压，因此基准电压要设定并对测得信号的峰值进行标定。声卡对输入信号进行 16 位的采样，0 对应零电平，量化数据的最大值为 32 767，最小值为 −32 768。本设计使用 F10 型数字合成函数信号发生器作为标准电压源，在输入信号频率为 1 kHz 时对声卡进行标定。输入信号的峰值电压与量化值的关系如图 2-7 所示。

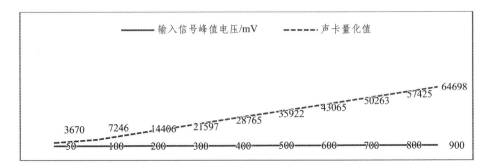

图 2-7　输入信号峰值电压和声卡量化值关系

由图 2-7 中数据计算可知，1 mV 电压的量化值为 72.09，用此值对电压进行标定，可得声卡的最大输入电压峰值为 900 mV。

（2）用标准信号源测试虚拟相位计的性能。

当标准信号源输入峰值为 500 mV 的正弦信号时，在同一频率下，每隔 10s 读一次稳定相位差，多次读数均值可近似为虚拟相位计在此频率下相位的固有偏差，多次测量结果的标准差可近似为测量的精度。改变信号的频率，测得相位计不同频率下的固有偏差如图 2-8 所示，精度如图 2-9 所示。

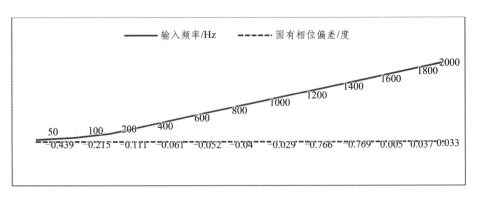

图 2-8　不同频率下相位计的固有相位偏差

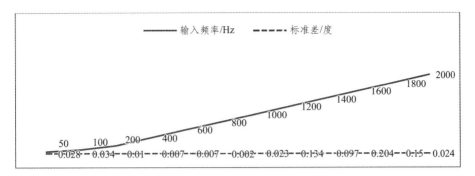

图 2-9　不同频率下相位计的精度

　　另外，在测试的过程中会发现虚拟相位计实现了对两路正弦信号相位差的实时测量，但测量结果显示并不是很稳定。为得到稳定的显示结果，设计过程中采取了一定的措施，首先采用 α 滤波器对实时测得的相位差进行平滑处理后输出，或者增加数据缓存的长度，测试结果表明，增加数据长度对测试精度影响不大，但这样会使相位差的显示更加稳定，便于读数。另外，改变输入信号的幅值对测试结果也有一定影响，在相位计允许的电压范围内，电压越大，测量结果越稳定。经过测试，信号频率越低，要求的最小输入电压越大，在频率为 1 kHz 时，输入信号峰值在 20 mV 以上就能得到较稳定的测量结果。因此，对于幅值较小的待测量信号，放大后的输入也可提高测量的精度。

　　综上所述，本节首先提出将虚拟仪器与真实仪器进行优化整合，发挥两种仪器各自的优势，取长补短，不仅能够优化课堂教学，将物理演示实验精细化、定量化，充分展示物理规律，而且能够增强学生对感性知识与理性知识的综合理解，提高学习效率。然后通过基于计算机声卡的虚拟相位计的设计实例，大概介绍了虚拟仪器设计的方法，其中包括硬件数据采集及软件程序的使用方法等。另外，对于虚拟仪器的设计语言，除了基于文本式编程语言的软件 LabWindows/CVI 以外，还可以应用基于图形化编程语言的软件 LabView，它是一种用图标代码来代替文本式编程语言创建应用程序的开发工具，使用起来更容易上手。总之，利用虚拟仪器对真实仪器进行优化整合，在设计及制作层面对物理演示实验进行改革，可以有效提高大学物理课堂理论课的教学效果。

参考文献

[1] 郭铁梁,姜洪喜,张文祥.大学物理静电平衡教学的理论挖掘与工程实践 [J]. 高师理科学刊,2022,42(8):6.

[2] 赵近芳, 王登龙. 大学物理学. 下 [M].北京:北京邮电大学出版社, 2014.

[3] 姚丽青.对静电屏蔽的新认识[J].物理通报,2015(09):14-16.

[4] 张家源. 典型局部放电过程流体动力学仿真与放电脉冲特性分析[D]. 上海:上海交通大学,2020.

[5] 陈熙谋.电力平方反比律的实验验证[J].大学物理,1982(01):11-15.

[6] 吴燕丹.从库仑定律看高师物理规律的教学 [J].内江师范学院学报,2010,25(08):95-97.

[7] 钟友坤,刘波.从普适性对比库仑定律与高斯定理的地位[J].新余高专学报,2009,14(06):88-90.

[8] 岑显焯,邓维天.关于静电屏蔽上限的讨论[J].大学物理,2020,39(02):15-17.

[9] 韩鹏,郭雪鹏.金属球在电场中一定能达到静电平衡吗[J].物理通报,2017(09):111.

[10] 卢新培,吴帆,谭笑.大气压非平衡等离子体诊断：激光散射[J].高电压技术,2021,47(10):3684-3695.

[11] 李仙丽,王冬冬,李向龙,等.基于电光聚合物缺陷光子晶体的脉冲电场测量技术[J].电子学报,2021,49(09):1691-1700.

[12] 彭长青,许超,尚荣艳,等.高压开关柜尖端放电的电场计算与分析[J].华侨大学学报(自然科学版),2020,41(02):244-249.

[13] Huang Xiaoyuan,Yuan Qiang,Fan Yi Zhong. A GeV-TeV particle component and the barrier of cosmic-ray sea in the Central Molecular Zone[J]. Nature Communications,2021,12(1).

[14] 避雷针的变迁[J].发明与创新(综合版),2007(02):32.

[15] 马宏达. 避雷针保护范围的模拟试验理论与争议[J]. 物理与工程,1998(s1):18-25.

[16] 王翔. 对 GB 50057—2010《建筑物防雷设计规范》的探讨[J]. 现代建筑电气, 2012(1):49-53.

[17] 杨晖,杨彦,陈禄文,等.区域防雷的理论和应用技术研究[J].广东气象,2018,40(04):69-73.

[18] 郭铁梁,姜洪喜,王奎奎,等.基于虚拟与真实仪器优化整合的物理演示实验设计与实践——以虚拟相位计设计为例[J].高师理科学刊,2021,41(08):101-105.

[19] 姜洪喜，邓慧，任敦亮，等. 基于虚拟仪器与真实仪器整合的大学物理教学改革[J]. 科技资讯，2015，13(12)：185.

[20] 郝军华,王云峰,王士福,等.基于虚拟仪器构建新型物理虚实结合教学模式 [J/OL]. 物理与工程 :1-7[2021-04-06]. http://kns.cnki.net/kcms/detail/11.4483.O3.20210325.1434.004.html.

[21] 李勇，周甦. 基于 labview 的中学物理虚拟仿真系统设计[J]. 知识文库，2020(7)：28，30.

[22] 崔敏,吴高米,高红丽,等. 基于虚拟仪器技术的示波器研究[J]. 大学物理实验，2020，33(2)：97-102.

[23] 孙明明，陈森，吴平. 虚拟仪器技术在工科物理实验传感器内容中的应用研究[J]. 物理与工程，2019，29(S1)：119.

[24] 刘萍萍，黄岚，赵宏伟. 虚拟仪器技术在新工科虚拟仿真实验平台中的应用[J]. 计算机教育，2019(11)：126-129.

[25] 付晓云.基于 LabVIEW 的正弦响应法状态滤波器动态特性测试研究[J].精密制造与自动化,2021(01):17-22.

[26] 董华，易克初，田斌. 一种基于声卡的数据采集系统[J]. 山西电子技术 2006(1)：3-4.

[27] 谭煌，刘毅，郑学仁. 基于虚拟仪器的电子电路实验教学系统[J]. 微计算机信息，2008(22)：119-120，87.

[28] 张文广，岳明桥，陈克坚. 基于 Lab Windows/CVI 的虚拟仪器实验系统设计[J]. 仪表技术，2018(7)：14-17.

第 3 章
专业基础课程教学改革研究

专业基础课程是学习专业课之前的基础理论、基础知识和基本技能的课程，其作用是为学生掌握专业知识打基础。专业基础课程的特点是理论性和实践性都很强，该类课程既是基础课程向专业课过渡的桥梁，又是基础课与专业课联系的纽带。专业基础理论课的教学目的是使学生牢固掌握本专业工程技术中所必需的专业的基础知识、基本理论和基本方法。它不仅是专业课的基础，同时也是学生毕业后从事专业技术工作的基础。这类课程的教学质量，直接决定着整个专业教学的质量，直接决定着所培养的学生的专业技术素质。如何搞好专业基础理论课的教学，是教学研究和教学实践中的一个很重要的问题。因此，在通信工程专业建设过程中，应当重视专业基础课程的教学，以及与之相关的教学改革与研究。本章以通信原理、数字通信及信号与系统等专业课程为例，进行相关的教学方面的知识探讨及介绍教学改革研究成果，首先介绍通信原理及数字通信教学中带通信号的包络分析及 Matlab 仿真，然后论述信号与系统课程线上线下混合式微课教学的研究与实践。

3.1 通信原理及数字通信教学中带通信号的包络分析及 Matlab 仿真[1]

3.1.1 引 言

在通信原理及数字通信教学过程中常出现几个容易混淆的信号形

式：带通信号、解析信号、预包络信号、等效低通信号、复包络信号及包络信号。为了在教学中帮助学生区分这些信号形式，提高教学效果，本节基于信号的希尔伯特变换，通过对带通信号包络的理论分析及Matlab 仿真过程，阐述了各类信号的区别及其应用。实践表明，对各种信号形式的理论分析对比与仿真可以应用于教学过程中，对各种形式的信号加以区别与仿真分析，有利于学生对于这些信号的理解掌握和应用。

在有关数字通信课程的教学过程中，对于带通信号及其等效低通信号的讲解，会涉及一些相关的不同形式的信号，如解析信号、预包络信号、复包络信号及包络信号等。对于这些信号的区别与联系，通常只停留在基本概念的层面上，而对其应用层面的知识及其相互之间的关系往往略讲，这样不但使学生对于这部分知识的学习容易混淆，而且也不能融会贯通。目前的相关文献中，从教学角度对这些信号的分析和应用有一些零散的介绍，但对于这些信号的综合分析应用及仿真分析却少有文献进行详细论述。本节基于带通信号的希尔伯特变换与解析信号的基本概念，介绍信号的预包络，再通过带通信号的等效低通信号，介绍信号的复包络及信号包络。利用 Matlab 软件对各种信号进行仿真说明的同时，综合系统地介绍了各种不同形式信号的应用，特别对于包络信号做了重点的分析和讨论，以使理论分析、仿真分析及实际应用在教学过程中能得到有机的结合，从而提高教学效果，增强学生的工程实践意识。

3.1.2 希尔伯特变换与解析信号——信号的预包络

为了便于在信道中传输，把基带信号经过载波调制后搬移到较高的频段上，这样的信号称为带通信号，当带通信号的带宽远小于载波频率时，称为窄带（带通）信号[2]。在实信号分析中，利用构建解析信号的方法，可以得到一个实信号在复数空间的映射，解析信号的实部与虚部互为希尔伯特（Hilbert）变换。因此，解析信号就是实信号自身的一种复数信号。由于实信号的傅里叶变换的负频率成分是多余的，这些负频率分量可以丢弃而不损失信息，而通过希尔伯特变换得到的解析信号，可以达到只保留信号正频率成分的目的，这促进了单边带等调制和解调技术的衍生[3]。另外，采用解析信号，也可以估计实信号的瞬时频率，这也是在信号分析与处理中，构建解析信号的主要目的之一。

对于一个实带通信号 $x(t)$，其解析表达式可表示为

$$z(t) = x(t) + j\hat{x}(t) \tag{3-1}$$

式（3-1）中，$\hat{x}(t)$ 是 $x(t)$ 的希尔伯特变换。

$$\hat{x}(t) = x(t) * \frac{1}{\pi t} = \frac{1}{\pi} \int_{-\infty}^{\infty} \frac{x(t)}{t - \tau} d\tau \tag{3-2}$$

希尔伯特变换器的冲激响应与频率响应分别为

$$h(t) = \frac{1}{\pi t}, \ -\infty < t < \infty \tag{3-3}$$

$$H(j\omega) = \int_{-\infty}^{\infty} h(t) e^{-j\omega t} dt = -j \times \mathrm{sign}(\omega) \tag{3-4}$$

（3-4）中，$\mathrm{sign}(\omega)$ 是符号函数。

综上可知，希尔伯特变换器在本质上是一个对输入信号所有频率的 90°移相器[4]，由希尔伯特变换可以生成实带通信号的解析信号，也称为实带通信号的预包络，结合式（3-1）、式（3-2）、式（3-3）和式（3-4），解析信号的频谱为

$$Z(j\omega) = 2X(j\omega)u(\omega) \tag{3-5}$$

式（3-5）中，$u(\omega)$ 是单位阶跃函数。

由式（3-5）可知，解析信号 $z(t)$ 的频谱 $Z(j\omega)$ 仅包括正频率成分，其幅值为频谱 $X(j\omega)$ 的 2 倍。通过 Matlab 对实带通信号及其解析信号（预包络）进行仿真验证分析，仿真过程的调制信号为双边指数信号，载波频率 20 Hz，采样频率 100 Hz。

仿真结果如图 3-1 与图 3-2 所示，解析信号 $z(t)$ 的频谱只有正频率成

分，且幅值为信号 $x(t)$ 频谱的 2 倍。解析信号 $z(t)$ 的模与时间的关系曲线就是信号 $x(t)$ 的预包络，预包络直接反映解析信号幅值随载波的变化情况，间接反映原带通信号中调制信号的幅值变化，用解析信号进行预包络分析，对于表达式较为复杂（直接不能判断载波情况）的带通信号非常有用。另外，为了增加学生对于解析信号的感性认知，对于前面提及的解析信号只有正频率成分的说法加以实际应用说明。例如：在信号的正交调制过程中就用到了解析信号的知识。首先将实信号通过希尔伯特变换变为解析信号，其实部称为同相分量信号，虚部称为正交分量信号。再将该解析信号实部及虚部分别调制到复数载波的实部及虚部上，这里的复数载波，一般情况下实部与虚部分别为频率相同的相位差为 π/2 的余弦和正弦信号，将解析信号调制在复数载波上发射的主要目的是躲开实信号的负频率成分，降低采样频率，提高系统的频谱利用率。

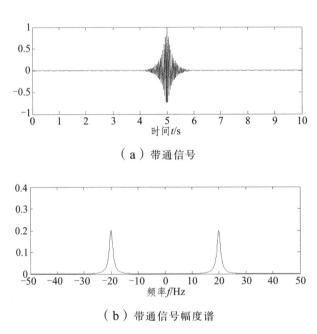

（a）带通信号

（b）带通信号幅度谱

图 3-1 带通信号及其幅度谱

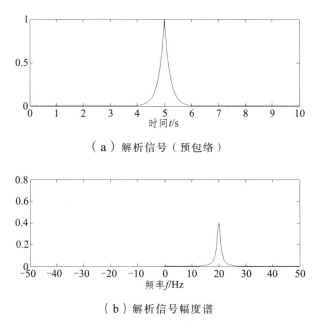

（a）解析信号（预包络）

（b）解析信号幅度谱

图 3-2　解析信号及其幅度谱

3.1.3　带通信号的等效低通——信号的复包络

带通信号经希尔伯特变换，得到解析信号，将解析信号进行频谱搬移到基带，就可以得到带通信号的等效低通信号，也称该低通信号 $x(t)$ 为信号的复包络。由图 3-1 可知，将解析信号频谱向左平移至中心频率 0 处，经此过程处理后信号变为低通信号，该等效低通信号与带通信号具有频谱形状不变关系。在工程实践中，信号的接收流程是：实带通信号到解析信号，再到复低通信号[5]。所以带通信号及等效低通信号与解析信号的关系非常重要，解析信号是沟通带通信号和低通信号的桥梁。

复包络信号最大的特点是把频谱数据变换到了基带附近，这样就降低了采样频率，由于复包络信号同时包含了同相与正交两路的信号，没有任何信息丢失，它完全可以替代带通信号，同时降低了对于计算机处理性能的要求。

将等效低通信号用 $x_l(t)$ 表示，则可得到

$$X_l(\mathrm{j}\omega) = Z\left[\mathrm{j}\left(\omega + \omega_c\right)\right] \tag{3-6}$$

式（3-6）中，$X_l(\mathrm{j}\omega)$ 表示 $x_l(t)$ 的频谱信号；ω_c 表示载波角频率。

将式（3-6）转化为时域关系，可得

$$x_l(t) = z(t)\ \mathrm{e}^{-\mathrm{j}\omega_c t} \tag{3-7}$$

由式（3-7）可知，等效低通信号 $x_l(t)$ 可能为复数，也可能为实数，这取决于带通信号及载波信号的具体形式。

将式（3-1）代入式（3-7）并整理得

$$x(t) + \mathrm{j}\hat{x}(t) = x_l(t)\ \mathrm{e}^{\mathrm{j}\omega_c t} \tag{3-8}$$

则有

$$x(t) = \mathrm{Re}[x_l(t)\ \mathrm{e}^{\mathrm{j}\omega_c t}] \tag{3-9}$$

式（3-9）中，Re 表示其后括号中复数的实部。

式（3-9）表明，任何带通信号都可以用其等效低通信号来表示。

一般来说，等效低通信号（复包络）$x_l(t)$ 有 2 种不同的表示方法，同相-正交形式和包络-相位形式。

同相-正交形式

$$x_l(t) = x_c(t) + \mathrm{j}x_s(t) \tag{3-10}$$

式（3-10）中，$x_c(t)$ 与 $x_s(t)$ 分别表示复包络的同相与正交分量，它们均是低通实信号。

包络-相位形式

$$x_l(t) = a(t)\mathrm{e}^{\mathrm{j}\theta(t)} \tag{3-11}$$

式（3-11）中，$a(t)$ 称为 $x(t)$ 或 $x_l(t)$ 的包络；$\theta(t)$ 称为 $x_l(t)$ 的相位。

显然有关系成立

$$a(t) = \sqrt{x_c^2(t) + x_s^2(t)} \tag{3-12}$$

$$\theta(t) = \arctan\left(\frac{x_s(t)}{x_c(t)}\right) \qquad\qquad (3\text{-}13)$$

通过 Matlab 对等效低通信号进行仿真分析，仿真参数依然采用前面的双边实指数信号、载波及采样频率，仿真结果如图 3-3 所示。

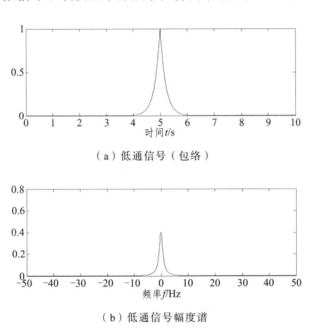

（a）低通信号（包络）

（b）低通信号幅度谱

图 3-3　低通信号的包络及幅度谱

由图 3-1、图 3-2 与图 3-3 比较可知，带通信号的预包络与包络是相同的，而带通信号、解析信号及低通信号的幅度谱既有相同之处又有区别，相同之处是 3 种信号的谱线形状基本相同，解析信号与低通信号的谱线幅值相同，解析信号与带通信号的正频率在频率轴上的位置相同。不同之处是解析信号与低通信号的谱线幅值均是带通信号幅值的 2 倍，另外，解析信号属于复数信号，其频谱只有正频率，而带通信号为实信号，所以其频谱具有共轭对称性，具有负频率。对于等效低通信号的频谱，其频谱位置不同于带通信号与解析信号，其位置中心处于零频点附近，当此等效低通信号为实信号时，频谱具有共轭对称性，图 3-2 中的低通信号为实信号，其频谱正是这种共轭对称情况。而当等效低通信号为复数解析信号时，频谱不具有共轭对称性，只有正频率，在带通信号与解析信号不变的情况下，对于式（3-7），改用载波频率 10 Hz 得到等效低通信号，也就是使用低于原带通信号中的载波频率对解析信号进行解调，仿真结果如图 3-4 所示。

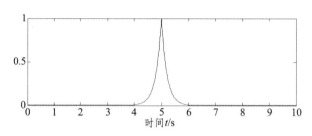

（a）解调载波 10Hz 时的低通信号包络

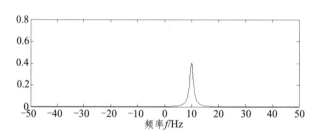

（b）解调载波 10Hz 时的低通信号幅度谱.

图 3-4 解调载波 10 Hz 时的低通信号的包络及幅度谱

图 3-4 的仿真结果表明，这时的等效低通信号为复数，其频谱只有正频率。同时也表明，解调载波频率较低时，对信号的包络没有影响，但对低通信号的零点频率有影响，对于上述情况应增加解调载波的频率。

3.1.4 带通信号的瞬时频率

构建解析信号的目的除了得到单边正频谱以外，还可以利用解析信号估计实带通信号的瞬时频率。因为在许多数字信号处理的应用中，都涉及信号的频谱或信号的带宽，若能实时地侦测信号的瞬时频率，则通过带宽可以决定系统的可适性，进而可以更有效地利用系统资源，提高系统效能。因此，在信号处理过程中，观察信号的瞬时频率具有重要作用。瞬时频率的估计算法主要有过零点法、相位法、能量算子法、谱峰检测法，以及求根估计算法等[6]。而解析信号法定义瞬时频率是比较常用的方法，直观上，瞬时频率即为解析信号相位的一阶微分，瞬时频率的单位为弧度每秒（rad/s）。利用上述带通信号及载波进行 Matlab 仿真分析，仿真结果如图 3-5 所示。

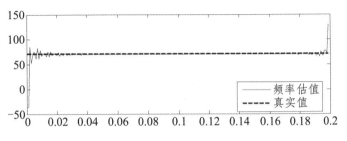

（a）用解析信号求带通信号的顺时频率

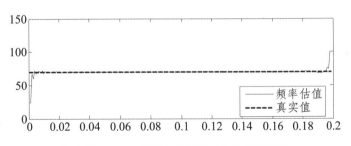

（b）用 instfreq 函数求解带通信号的顺时频率

图 3-5　带通信号的瞬时频率

由图 3-5 的仿真结果可知，通过解析信号求解的带通信号的瞬时频率与真实值之间存在一定的误差，特别在端点出现误差较大的情况，该现象主要由于信号中的吉布斯（Gibbs）现象[7]。另外，由于解析法不是求解信号瞬时频率的唯一方法，为了便于比较，图 3-5 中还采用了另外一种求解瞬时频率的方法，即利用 Matlab 中的 instfreq 函数直接进行求解，所得结果与解析法基本一致。但 instfreq 函数法的结果更为平滑一些，端点误差比解析法要小一些[8]。

3.1.5 包络提取综合仿真分析

　　用希尔伯特变换来做包络分析是一种有效的数据处理方法，特别是针对窄带信号进行的基于希尔伯特变换获得包络线的方式比较常用[9]。以正弦型调制信号 $\cos(20\pi t)$ 为例，载波为 70 Hz，利用 Matlab 对其带通信号进行包络及频谱仿真综合分析，仿真结果如图 3-6、图 3-7 与图 3-8 所示。

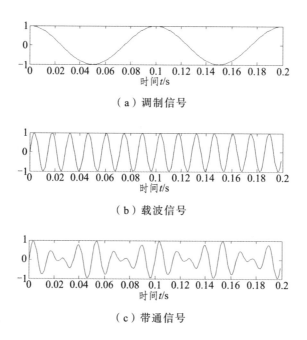

（a）调制信号

（b）载波信号

（c）带通信号

图 3-6　信号的时域波形

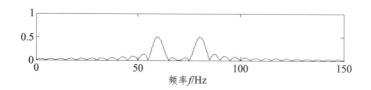

（a）解析信号频道

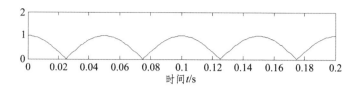

（b）包络（绝对值）

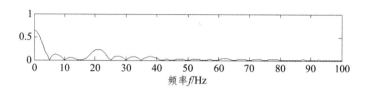

（c）包络的频谱

图 3-7　包络及其频谱分析结果

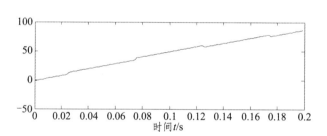

（a）载波信号的相位

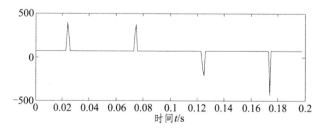

（b）载波信号的瞬时频率

图 3-8　载波信号的瞬时频率及相位分析

图 3-6 给出了调制信号、载波信号及调制后的带通信号的时域波形，

图 3-7（a）给出了解析信号的频谱，其峰值在 60Hz 和 80Hz 位置，对于图 3-7（b）包络信号，其波形与原调制号波形相比，相当于原信号波形取绝对值，而其频率也变为原来的 2 倍，从图 3-7（c）中可以看出，其频率峰值出现在 20Hz 位置。为了得到与原信号相同的包络波形，解决方法是通过包络提升，即在原调制信号中加入直流成分，使其波形出现在时间坐标轴的上方。图 3-8 给出了载波信号的相位及瞬时频率的时间变化规律，与图 3-5 的瞬时频率曲线相比，图 3-8（b）中的瞬时频率曲线上出现了峰值跳跃现象，这主要是因为图 3-8 中的解析信号为多分量信号[10-11]。

综上所述，本节针对通信原理及数字通信教学过程中的带通信号进行了较为详细的论述，通过希尔伯特变换得到带通信号的解析信号，进而得到等效低通信号，分别对各种信号的包络及频谱作了理论与仿真分析，通过各种信号之间的关系，阐述了各种不同形式的信号在通信中的不同作用。另外，通过解析信号求解瞬时频率的方法，说明了解析信号的其他用途。教学实践表明，对基于希尔伯特变换的带通信号的解析信号，及其等效低通信号之间的理论逻辑分析、仿真分析及实际应用的了解，有助于教师教学效果的提高，更有利于学生对于这些知识的理解掌握和应用。

3.2 信号与系统课程线上线下混合式微课教学的研究与实践[12]

3.2.1 引　言

"信号与系统"课程存在内容抽象、公式复杂等问题，传统的线上线下混合式教学将教学视频简单搬到网上，学生与在课堂上听课一样依然存在注意力不集中、易疲惫的现象。本节提出以知识点、工程应用及课程思政等内容为主题，在教学过程中采用微课的形式制作小视频或音频进行辅助教学。这样学生就可以针对自己的实际情况，课后在线上随时随地有选择性地学习，从而可以解决一次性教学内容过多，学生难以接受的问题。实践证明，基于微课构建的线上线下混合式教学模式，可以让学生成为学习主体，有利于学生学习能力的培养和提高。

2019 年教育部《关于一流本科课程建设的实施意见》指出，高校要全面开展一流本科课程建设工作，树立一流课程建设新理念，推进课程建设创新改革，实施科学的课程评价体系，严格加强课程管理，逐步形成以质量为导向的课程建设激励机制，形成多样化、多类型的教学内容与课程体系[13]。另外，推动课程思政，构建全员全程全方位育人大格局，确立以学生为中心、以产出为导向，不断持续改进，提升课程高阶性，突出课程创新性，增加课程挑战度，已成为广泛共识的教育教学新标准[14]。"信号与系统"课程是电子信息类专业的一门重要专业基础课，可以使学生掌握"信号与系统"的基本知识，初步形成一定的学习能力和课程实践能力。该课程要求学生在具备扎实的高等数学、线性代数等基本数学理论的同时，还需掌握电路理论等专业基础知识。对于学生来说，该课程教学内容丰富，涉及数学理论与课后习题作业多且复杂，全面掌握、融会贯通较难[15]。在线上线下混合式教学过程中，如果将教学视频简单搬到网上，学生会与在课堂上听课一样依然存在注意力不集中、易疲惫的现象，从而使上述问题依然得不到更好地解决。如果在线上线下混合式教学过程中适当采用微课的形式，以知识点为单位，或者以工程应用及课程思政为主题制作小视频或录制音频，学生针对自己的实际情况，不但可以提高课堂上的学习效率，而且课后可以在线上随时随地有选择性地学习，这样就能解决一次性教学内容过多、教师集中式连续教学、学生难以接受的问题。微课（Micro-lecture）是微课程的简述，2008 年美国新墨西哥州胡安学院教师 David. Penrose 正式提出微课，"微课以在线或移动学习为目的，以短音频或短视频为载体来录制课程，使得学生能随时随地地学习"[16]。2012 年 9 月教育部组织了第一届中国微课大赛，标志着微课在我国开始传播[17]。"信号与系统"微课程的相关文献最早见于 2015 年[18]，最初只是简单制作教学视频，随着线上教学的发展，对于"信号与系统"课程来说，微课与线上线下混合式教学进行整合已成为一种必然发展趋势，并且微课对于线上线下混合式课程建设也会起到重要的促进作用，近年来，随着信息技术的迅速发展，互联网对教育教学产生了深刻的影响。2019 年教育部《关于一流本科课程建设的实施意见》中，还进一步提出实施一流本科课程"双万计划"，决定开展国家级线下一流课程、国家级线上线下混合式一流课程和国家级社会实践一流课程推荐认定工作。其中线上线下混合式课程成为课程建设工作的热点，经过近两年的改革实践，不论教学一线教师还是教育研究者，以及教育机构和政府教育部门，都已基本达成共识：线下线上混合式教学将成为未来教育的"新常态"[19]。与其他传统的专业基础课程相类似，"信号与系统"课程的线上线下混合式教学，将整个教学过程规划为课前预习、课堂重点教学、课后作业提高三个环节。每个环节都需要教师进行主导设计，由学生配合完成相关知识内容的学习。另外，微课能以明确的知识点作为主要内容，以短视频作为主要载体，对传统课堂教学进行有效补充。

针对线上线下混合式教学和微课教学的特点，将微课有机融入混合式教学的三个环节中，正是本节所要研究的重点内容。在"互联网+"的时代背景下，以"信号与系统"一流课程建设为契机，进行线上线下混合式微课教学的设计研究与改革，不但能够有效解决"信号与系统"课程现实教学中存在的问题，而且在促进学生有效自主学习、促进教师提高专业水平，以及在促进教育自身发展的高阶层面上具有重大意义。

3.2.2 "信号与系统"课程线上线下混合式微课教学模式

"信号与系统"课程结合梧州学院电子与信息工程学院的学科专业，

展现课程建设及教学特色，以培养电子信息技术领域的应用型人才为目标，重视理论与实践相结合的教学过程，以工程应用为大背景进行教学内容和教学方法的改革。教学方式采用传统与现代相结合，线上线下混合，课内课外相配合，将课程思政和双语教学有机融入教学设计中，使学生在课堂上不仅能够学会"信号与系统"的理论知识和实践知识，而且能够体会到这门课程中隐含的科学精神、社会文化价值和家国情怀。

1. 线上线下混合式教学的应用

由于传统的线下教学包括课前预习、课堂教学及课后复习三个环节，所以线上教学也应通过适当的教学设计合理融入这三个教学环节中。首先是课前预习，教师应根据教学进度及教学内容在线上布置预习作业；然后在课堂教学过程中对学生的预习情况进行检查，为学生的课前学习情况提供反馈，同时课堂上适当应用线上教学可以提高教学效果和效率；最后是课后作业及复习的教学环节，这一教学环节的线上教学需要整合大量的线上线下资源，也是线上线下混合式教学中最重要的环节之一。这要求教师要重点设计测试题（包括试题解答）的评价与反馈机制，用于实时监督及分析评价教学效果，以促进线上线下混合式教学的长期有效发展。以上各教学环节中，关键问题主要包括线上教学平台的建设工作、线下课程教学过程的规范化及改进、重要知识点的分解、典型例题的设计、工程实践的挖掘、微课的制作、Matlab 仿真程序设计、课程思政内容的融入、各种教学资源及测试题的网上平台应用等。

2. 微课教学的应用

微课的主要形式是小型视频或音频，是针对教学内容的重点、难点，或针对教学活动、实验、专题等教学环节，而设计开发的支持多种学习方式的一种情景化新型视频课程。它的主要特征可概括为"主题突出、短小精悍、交互性好、应用面广"[20]。微课最初应用于线下教学，随着互联网和信息技术的发展，目前微课这种教学手段已广泛应用于线上教学过程中。针对"信号与系统"课程的特点，在教学中使用微课，既能帮助学生拓宽视野、补充知识，又能满足学生对知识点的个性化需求，提高学习效果。同时微课的制作过程，在客观上也加深了教师对教材的理解和把握，提高了教师对现代化教学手段的应用能力和教学水平。对于在教学过程中如何具体应用微课，主要应考虑两方面的问题：一是在传统教学的三个环节中如何应用，二是在线上线下教学过程中如何应用。另外，在教学中应用微课，还要考虑到微课的应用原则、微课内容的选择、教学思路的设计及与课堂教学的配合等细节性和具体操作的问题。

3. 线上线下混合式微课教学模式

将传统教学与线上线下混合式微课的课程模式有机结合，发挥各自优势培养应用型人才，已成为当前课程建设中的主流趋势。在教学过程中根据实际情况进行适当调整，理论与实践相结合，即可以形成"信号与系统"课程教学的良性循环及长久机制[21]。对于微课，要以重要知识点为单位、以工程实践为主题或以课程思政为专题进行制作，根据实际教学需要，将微课重点应用于课后线上教学过程，适当应用于课堂现场教学中。另外，还要重点设计评价与反馈机制，用来实时监督及分析评价微课的教学效果，以促进"信号与系统"微课程教学及线上线下混合式教学的长期有效发展。

下面介绍一下梧州学院"信号与系统"课程具体的教学模式和实施方案。首先进行教材分析和重要知识点分解等理论层面的工作，与此同时逐步进行硬件方面的建设工作，主要包括微课制作（硬件准备）和网上教学平台建设工作。另外，尽量将本研究实施过程与实际教学过程相整合，以教学进度引领研究进度，在实践中检验教学改革的效果以便及时进行改进。图3-9表示基于微课的"信号与系统"课程线上线下混合式教学设计流程图。

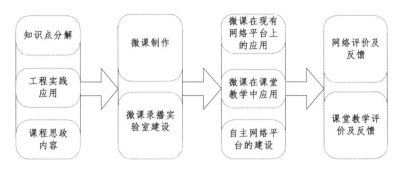

图 3-9 基于微课的"信号与系统"课程线上线下混合式教学设计流程

3.2.3 "信号与系统"课程线上线下混合式微课教学改革实践

电子与信息工程学院的"信号与系统"课程建设工作始于 2004 年(广西大学梧州分校);2006 年春,电子信息工程专业开设本课程;2010 年春,电子科学与技术本科专业开设本课程;2015 年春,通信工程专业开设本课程,课程建设与发展延续至今,多年来从未间断,并且取得了初步的课程建设工作成果。2019 年 12 月,"信号与系统"课程进行了区一流课程的申报工作,在此过程中进行了大量的前期准备工作,课程资源建设主要包括已初具规模的教材(讲义),辅助教学课件,教学视频(北京交通大学国家精品课),教学习题库、硬件调试实验室,虚拟仿真实验室、网上仿真平台,校内外实习实训基地等多方面的建设成果。其中,信号与系统实验室、通信虚拟仿真实验室及网上虚拟仿真实验平台已进行了长时间的应用,并取得了较好的效果。针对建设及申报区级乃至国家级的一流课程工作的要求,"信号与系统"课程在说课视频、教学设计、教学日历、学生的学期测验、学生成绩分布统计、学生在线学习数据、教师的课程教案、学生评教结果统计及教学(课堂或实践)实录视频做了大量的教学实践及软硬件设备材料的收集整理准备工作。另外,在课程思政方面也做了相应的工作,特别在让课程思政内容进入课堂方面也有取得一些初步的成绩。

对于微课小视频，目前主要采用智慧教室、录屏及网上剪辑的方式进行小视频的制作。制作微课小视频需要做大量的前期准备工作：首先进行知识模块的分解和重要知识点的内容挑选，图 3-10 表示的是"信号与系统"的知识模块分解；然后是典型工程应用方面的内容；第三方面是例题讲解；第四方面是课程思政的内容。

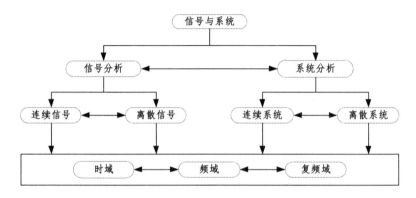

图 3-10 "信号与系统"知识模块分解

完成上述工作之后，制作上述四个方面内容的多媒体 PPT 课件，这一步骤非常重要，这为后期的知识点及工程应用小视频制作做好充足的准备工作。然后最核心的工作就是进行微课小视频的制作，剪辑完成之后，就可以上传网络平台供学生使用。具体操作流程如图 3-11 所示。

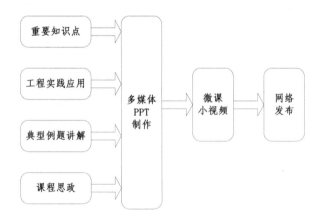

图 3-11 微课的制作过程

另外，对于微课的制作，要考虑将其应用于线上还是线下教学，应用于课堂教学还是课后学习。应用于课堂教学的微课我们主要以抽象知识点和课程思政为主，并且微课的时长较短，因为这样更适用于课堂教学的中抽象知识和时间紧张的课堂教学环境。而对于课后的线上教学，微课就以重点知识、难点知识、例题讲解及工程应用为主，这些微课视频或音频时长可以稍长。

本节以连续时间信号的时域抽样定理为例，探讨"信号与系统"课程线上线下混合式微课教学的应用。关键教学设计步骤如表 3-1 所示。

表 3-1 连续时间信号的时域抽样定理主要教学设计过程

教学过程	主要内容
教学目标	知识目标：掌握时域抽样定理基本概念和理论
	能力目标：知道抽样定理重要理论价值及实际应用
	情感目标：激发学生的科学精神和家国情怀
教学重点难点	重点："抽样间隔"的确定
	难点：对离散信号频谱进行推导和分析
教学媒体资源	采用多媒体 PPT 加快教学进程，扩大教学容量
	网络资源包括雨课堂、MOOC 和校内网络虚拟仿真教学平台
教学创新点	通过线下微课视频宣传数字技术，激发学习兴趣
	利用雨课堂工具与学生互动及个性化教学
续课程思政	奈奎斯特生平和研究成果
	模数及数模转换器应用，提及国家芯片制造状况
课后线上作业	线上微课视频
	线上作业习题

以上教学设计中对于微课的应用，主要体现在两个方面，一是在课

堂教学过程中应用线下微课视频，本节课主要应用了两个小视频，一个是数字技术中的虚拟现实（VR）技术，另一个是杭州智慧城市的宣传片，借此两个微课视频激发学生的学习兴趣。另外，对于课后学生的微课的应用，主要体现在线上，本节课主要设计了两个习题详解的录屏视频。由于课堂教学时间紧凑，对于课堂教学中线下微课视频要求时长不宜过长，大约 3 分钟。而对于课后的线上微课视频时长可适当延长，但最长不宜超过 15 分钟。对于课程思政，本节课主要通过 VR 技术和智慧城市的微课视频、奈奎斯特生平和研究成果、模数及数模转换器应用、国家芯片制造状况的介绍进行穿插引入，特别是微课视频中的课程思政元素，更能起到润物无声的作用。由以上教学实例可知，"信号与系统"课程线上线下混合式微课教学要根据实际教学内容进行设计，其主要目标是激发学生学习兴趣、传承科研精神及家国情怀，以及自主学习的意愿。

总之，在"信号与系统"建设一流课程的过程中，在已取得的网络课程建设成效的基础上，充分考虑微课在课堂内外的运用，结合线上线下混合式教学的特点，对课下微课自学内容及课堂活动进行精心设计，充分利用网络技术制定反馈机制，采用线上线下混合式微课教学进行课程建设工作，将传统教学与"互联网+"微课模式充分结合，在近 2 年的课程教学改革中取得了初步的成绩，我们通过电子与信息工程学院 2017 级通信工程及电子科学与技术两个班级学生的"信号与系统"课程总成绩，与 2018 级同样专业的两个班该门课程的成绩进行对比，可以粗略了解一下线上线下混合式微课教学的改革效果。由于这两个年级的同学正好处于教学改革前后过渡期，所以在一定程度上能够反映教学改革的状况。如图 3-12 和图 3-13 中的成绩分布可知，2018 级实行线上线下混合式微课教学的两个班级的学习成绩相比 2017 级有明显的提升。由此可见，传统教学与互联网及微课相整合的教学改革，在一定程度上能够促进教学效果的提升。

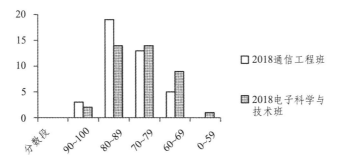

图 3-12　采用线上线下混合式微课教学的课程成绩分布

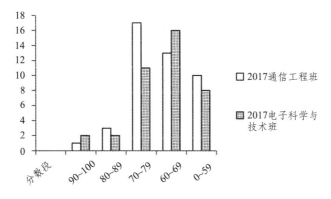

图 3-13　教学改革前的课程成绩分布

综上所述，线上线下混合式微课教学是网络时代新型的教学手段，也是对传统课堂教学的有效补充方式，将微课教学与线上线下混合式教学相结合，改革教学手段和教学模式，有效解决了"信号与系统"课程内容多与学时少的矛盾，帮助学生深入理解教学中的相关概念和理论，在提高教学效果的同时也能够提高教学效率。另一方面，网络微课教学也能激发学生的学习兴趣，有助于学生合理利用碎片时间，充分发挥了学生学习的主观能动性。总之，通过基于网络的微课教学能够体现以学生为主体，以培养能力为目标的教育教学创新理念。

参考文献

[1] 郭铁梁,李志军,张文祥.基于希尔伯特变换的带通信号包络频谱分析及 Matlab 仿真[J].高师理科学刊,2020,40(08):72-77.

[2] 刘学勇．详解 MATLAB/Simulink 通信系统建模与仿真[M]．北京：电子工业出版社，2011.

[3] 张刚，吴瑕．基于 Hilbert 的单边带调制随机共振的微弱信号检测[J]．电子测量与仪器学报，2019，33（2）：10-17.

[4] 施莹，庄哲，林建辉．基于卷积稀疏表示及等距映射的轴承故障诊断[J]．振动·测试与诊断，2019，39（5）：1081-1088，1138.

[5] 宋知用．MATLAB 在语音信号分析与合成中的应用[M]．北京：航空航天大学出版社，2013.

[6] 张志刚．信号瞬时频率估计方法及研究[D]．广州：广东工业大学，2015.

[7] 方琨，王渝，马利兵，等．基于 RO-SBM 的 Hilbert-Huang 变换端点效应抑制方法[J]．振动测试与诊断，2013，33（2）：319-324，344-345.

[8] 关为群，张靖．信号瞬时频率估计 MATLAB 软件系统设计[J]．弹箭与制导学报，2002（S1）：96-98，110.

[9] 杨洋，何继善，李帝铨．在频率域基于小波变换和 Hilbert 解析包络的 CSEM 噪声评价[J]．地球物理学报，2018，61（1）：344-357.

[10] 金梁，殷勤业，姚敏立．瞬时频率和时频分布[J]．电子科学学刊，1998，20（5）：597-603.

[11] 邹志国.基于经验模态分解的多分量信号分析方法研究[D].哈尔滨：哈尔滨工业大学，2016.

[12] 郭铁梁,王奎奎,孙雪,等.信号与系统课程线上线下混合式微课教学的研究与实践——以梧州学院为例[J].梧州学院学报,2021,31(03):60-66.

[13] 王丽荣,武鹤,孙绪杰.新时期地方本科院校一流专业课程建设标准研究与探索[J].黑龙江教育:综合版,2020,000(005):18-19.

[14] 吉久阳,王济奎,阳辉.一流本科建设下通识教育课程高质量建设的困境与出路[J].黑龙江高教研究,2020(4):11-14.

[15] 邱天爽,刘蓉,王洪凯,等.工程认证背景下"信号与系统"课程特点与教学策略探讨——以生物医学工程专业为例[J].工业和信息化教育,2017,000(008):52-56.

[16] 雷明东.信号与系统课程的微课开发与设计探索[J].教育现代化,2017,4(40):200-202,216.

[17] 刘腊梅.微课制作及微课资源开发的策略及实践[J].广东教育(职教版),2017(8).

[18] 鲁小利,李丽芬,赵燕.微课《信号与系统》改革实践[J].信息与电脑(理论版),2015(02):86-87.

[19] 王渊,贾永兴,朱莹.混合式教学法在《信号与系统》课程中的探索与实践[J].教育教学论坛,2020(13):303-305.

[20] 杨钰,李荣,李玲香,等.微课在地方高校《信号与系统》课程中的应用[J].信息与电脑(理论版),2018,No.410(16):249-250.

[21] 邢砾云,周振雄,董胜,等."信号与系统"的微课教学实践探索[J].无线互联科技,2019,16(08):76-77,85.

第4章
校企协作与实训基地建设改革研究

      校企协作是地方院校谋求自身发展、实现与市场接轨、大力提高育人质量、有针对性地培养一线实用型技术人才的重要举措。探索校企合作共建实训基地管理机制，是优化管理体制，提高教育教学质量、培养高技能人才的必然选择。校企合作必须把握好"因地制宜，因时制策"的基本原则，不同地区根据各自的特点构建起不同形式的校企合作模式。实训基地可分为校内和校外实训基地两个大类，是高技能人才培养不可或缺的物质基础。实训基地建设的核心理念是对接现代产业体系建设——学校与企业合作，专业与产业结合，教学与生产结合，理论与实践结合，学习与就业结合。校企协作与实训基地建设是专业建设中涉及的新课题,在此过程中必然涉及协作机制、人才培养模式、课程建设、教学团队建设、评价机制等诸多方面的改革。针对通信工程专业建设的特点，本章将从校企协作与实训基地建设及实践创新平台建设三个方面进行研究和探讨，首先进行新工科背景下校企协同育人关键问题分析及机制探索，然后论述一下以实训基地为依托培养通信工程专业学生实践及创新能力研究，最后对新工科人才培养实践创新平台建设的改革与实践进行阐述。

4.1 新工科背景下校企协同育人关键问题分析及机制探索[1]

4.1.1 引言

为了探索新工科背景下可持续新型校企协同育人机制，解决校企协同育人中存在的关键问题，在全面分析高校与企业协同育人的目的与目标的基础上，提出了在保障校企双方利益的前提下，推进"三教"改革，探索共建共享的校企宏观合作模式，进行校企协同课程建设。分析结果表明，改革、共建、共享及校企协同课程建设可以结合各种具体的培养模式，有效保证协同育人的质量，具有可行性。解决校企协同育人的有效方案是以校企协同课程建设为引领，保障基础本科教育与工程教育的有机合理融合。

教育部 2010 年组织实施的"卓越工程师教育培养计划"（简称"卓越计划"），是高等工程教育服务新时期国家发展战略的重要举措，该计划重点强调三个问题：第一，高校培养应用型人才应该按行业标准和通用标准；第二，培养过程中的应用环节应该有行业企业深度参与；第三，学生的工程应用能力和创业创新能力应该得到强化。对于上述卓越计划实施，其对象主要包括工科本科生、工科硕士研究生、工科博士研究生，还包括设计开发工程师、现场工程师和研究型工程师等。另外，该计划重点强调一个主要实施措施，即创立高校与行业企业联合培养人才的新机制，从而引出校企协同育人这一教育主题。另外，教育部 2018年又提出了关于新工科建设的"新工科研究与实践项目计划"，随着"卓越计划"和新工科建设的提出，校企协同育人也成了高等教育教学改革的一个热点话题。经过近几年的发展，国内许多高校针对校企协同育人问题，在人才培养机制和培养模式方面做出了积极的探索，并且取得了初步的成绩。但同时也看到，在校企合作过程中也出现了一些问题，主要表现在校企双方利益关系不明确，培养机制有缺陷，培养模式混乱，纸上谈兵多、付诸行动少，理论与实践脱钩等问题。本节针对校企协作中出现的相关问题展开讨论和分析，分别从新工科教育的国家目标，学校与企业各自的目标与责任，以及校企双方的根本利益出发，提出合理的人才培养机制，即以本科基础教育为本，兼顾工程教育，行业技术引领方向，以协同课程建设为载体推进"三教"改革，探索共建共享的校企协同育人机制。

4.1.2 新工科教育的国家目标

"面向工业界、面向世界、面向未来"是教育部在"卓越计划"中提出的主要目标。为增强我国的综合国力和核心竞争力，实现工业化和现代化奠定坚实的人力资源优势，需要培养一批适应经济社会发展需求、创新能力强的工程技术人才，从而为建设创新型国家做好人才准备。另外，要全面提高工程教育人才的培养质量，促进工程教育的改革和创新，把实施卓越计划作为重要突破口，努力建设具有世界先进水平的高等工程应用教育体系，从而实现从工程教育大国向工程教育强国的转变。而新工科的总体思路是服务制造强国等国家战略，主动应对新一轮产业变革和科技革命的挑战，紧密对接产业链、城市群、经济带布局，狠抓新工科建设，深化工程应用教育改革，加快培养高质量的科技人才，打造人才高地和世界工程创新中心，提升国际竞争力和国家硬实力。计划建设一批多主体共建的产业学院及技术学院、新型高水平理工大学、新兴的产业急需的工科专业、体现技术和产业发展的新课程等，培养一大批具有较强工程实践能力的专业教师，计划20%以上的工科专业通过专业认证，形成具有中国特色的世界一流工程教育体系。

4.1.3 本科教育的初心使命及企业的目标责任

本科教育（undergraduate education）是高等教育的重要组成部分。在联合国教科文组织《国际教育标准分类》中，本科教育是第三级第一阶段教育[2]。本科教育与专科及研究生教育构成高等教育的主体[3]。本科教育实施通识教育及有关某一专门领域的基础和专业理论、知识和技能教育。学生按培养方案修习有关课程（包括实验、实习、社会调查等），接受某些初级的科学研究训练（如毕业论文或毕业设计）[4]。我国高等教育的主体是本科教育，在整个高等教育结构中处于重要地位。多年来，我国高等教育学生总数的大多数是本科学生。目前，本科教育具有以下几个特点，首先，从大类专业设置看，专业设置过窄过细。第二，从选修课比例看，选修学分比例明显偏低，从学分比例来看重理论轻实践。根据图 4-1 中近年来的统计数据所示[5]，可以对这一点有更深入的了解。第三，专业班级规模庞大，有的高校班级人数甚至高达 50 人，这种批量生产无疑会降低个性化培养，更无法做到因材施教。第四，通识教育普及不够好，学生终身学习的能力还有待于进一步提高。从上述对本科教育的描述不难看出，本科教育重点是基础教育，这是本科教育的初心，这是其不同于专科及职业教育的根本所在，如果只将本科教育简单作为工程教育和职业教育看待，甚至有人提出本科职业教育的观点，从长远角度看，这是舍本逐末的行为，也必将违背本科教育的使命，与其培养未来的教师、科研及工程技术研发人才目标不符。从目前国内校企协同育人的状况来看，有相当一部分高校进入了这一误区，只强调工程技术而忽视基础教育，盲目跟风与企业合作，造成人才培养虎头蛇尾、质量不高、后劲不足的结果。但过于强调基础教育而忽视工程实践教育，也不符合对于应用型人才培养的要求。校企协同育人这种教育方式的出现，为如何兼顾本科基础教育与工程实践教育，找到合适的平衡点，提供了一种新的思路。

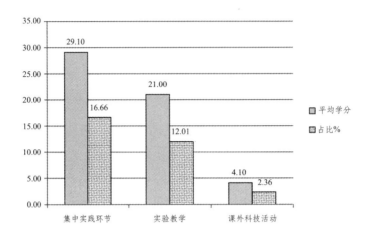

图 4-1 高校本科教学实践教学环节的学分比例

企业目标是企业一定时期内的经营目的及要求，企业目标与企业所追求的价值有关，它是衡量企业各种经济及社会活动的价值标准，也是企业生存发展的意义所在[6]。而企业责任则是指企业为了争取自身的生存和发展，面对各种社会问题和社会需要，为维护国家、社会和人类的利益所应履行的义务[7,8]。如果企业在协同育人过程中只重视短期的经济目标，为推销自己的产品或招聘人才急功近利敷衍了事，甚至搞形式主义，而无视长远利益和社会责任，那么其做法类似高校只重视技能而忽视基础教育一样，导致协同育人变成了简单的入职培训和变相的产品推销，而并没有从根本上改变校企协作中存在的弊端，也违背了企业发展的长远目标和协同育人的社会责任。

4.1.4 高校与企业的利益基础及矛盾

校企协同育人的最终目的是实现学校、企业及毕业生三方共赢，特别对于占主导地位的学校与合作企业，要找准合作的切入点，搞清楚双方所需。在进行协同育人合作时，双方各自的诉求是什么，双方期望得到的结果是什么[9]。校企协作中高校的目的很明确，培养学生的工程实践能力，适应产业升级对国内工程人才的需求，提高就业率。而企业的目标则是招到性价比较高的所需人才，招之能来，来之能用，或者是在协作过程中实现自己的经济目标。另外，企业还可以借助于高校的科研环境以较低的成本投入解决企业的技术难题。总之校企双方协同育人的合作基础就是各取所需，取长补短。而与此同时也必须看到，校企双方合作过程中也存在一定的矛盾，这也是协同育人过程中的必须要解决的关键问题。我们知道，某个高校每年的毕业生数量是庞大的，而与之合作的企业的用人规模却是有限的，远远不能满足高校的就业需求。另外，中小企业需要的是动手能力强的职业技术人才，而本科毕业生即使经过校企协同育人的训练也很难在短时间内达到这一要求，因为本科教育毕竟不是职业教育。再有，在培养模式及课程体系的构建方面，双方在重理论还是重实践方面也会产生矛盾，高校方面不能丢掉理论之本，企业方面更重视的工程实践及动手能力的培养。总之，校企双方合作的基础是存在的，但也必须面对存在的问题，只有从根本机制上解决这些问题，校企双方的合作才不会流于形式，才能真正达到双方协同育人的目的，这也是校企双方共同的愿望。

4.1.5　校企协同育人的重要举措

1. 推进"三教"改革，探索共建共享的校企合作模式

为了对校企协同育人提供有力保障，首先要推进"三教"改革，即教师改革、教法改革和教材改革。"教师改革"即推行"访问工程师"和"企业导师"计划，组织教师轮流到企业挂职实践锻炼，聘请行业企业技术能手和技术骨干到学校参与实践教学，建立教产岗位互通、专兼教师互聘机制，组建模块化的创新教学团队。大力支持教师参加评价组织的相关培训，探索校企双方的双负责人制和双师同堂的教学模式。"教法改革"即实施团队协作的模块化教学，以学生为中心的线上线下混合式

教学，推行模块化集体备课、协同教研机制，探索适应于校企协同育人的项目式、情景式、任务式等教学教法，结合信息化教学和教育大数据平台，推进模块化教学改革与模式创新。"教材改革"即对接职业技能需求，引入企业优质资源和案例，建立校企间资源共建、共用、共享机制，形成专业群课程建设动态调整机制。联合教育培训评价组织进行课程资源包建设，开发配套的活页式、工作手册式新形态系列教材。除了"三教"改革，另外一方面，还要对校企协同育人的宏观模式进行探索，正如前文所述，基于校企双方共同的目标与合作基础，高校与企业之间首先应该做到共同投入、共同建设、共同管理，进而共享双方的有利资源，最后才能共享成果和人才，从而达到校企双方的合作共赢。

2. 共建校企协同育人课程体系

提及校企协同育人的问题，就不得不提及具体的育人模式问题，大多数有关校企协同育人的文献都会重点论述合作育人模式的问题。文献[10]中提出了采取"1+2+1"的培养模式，即一年的通识教育课程培养加两年的专业课程培养加累计一年的企业实践学习培养；文献[11]构建"3+1"人才培养模式，"3"为学生在校内接受通识教育和学科基础教育以及进行必要的专业实验和实践，"1"为大学四年级到合作企业和相关企业进行顶岗实习；文献[12]提出"1 + X + Y"人才培养模式，将人才培养过程分解为三个层次进行，"1"是第一个层次，即职业素质培养层次；"X"是第二个层次，即职业技能培养层次；"Y"是第三个层次，即职业能力培养层次。但不论什么样的模式，一个最大的原则就是企业要积极参与人才培养方案的制定，企业要提供学生实训实习及实践的机会。总之，培养模式是多种形式的，这可以根据高校与企业的实际情况制定，没有固定形式。但任何培养模式如果没有一个以之为中心的载体，都是无本之木，无源之水，结果只能是理论与形式上的，无法真正达到现实目的。本节提及的这个重要载体就是校企协同育人课程的建设问题，高校在保证本科特色的基础课、专业基础课及部分重要专业课质量及数量的前提下，应与企业合作进行协同育人课程体系的建设，为了保证本科教育的主体地位，校企协同课程应该主要分布在整个人才培养方案中的后面环节中，即在专业选修课程及实践环节中进行。在理论方面，主要以专业选修课的方式进行，在实践方面与原有传统培养方案中的实践环节进行整合。专业实践课程应作为校企协同育人课程体系建设的主体内容，其中包括专业实践技能课程建设、专业职业技能课程建设及专业创新技能课程建设等。以上这些实践课程还应与高校原有培养方案中的内容相整合，例如原有的课程设计和毕业设计整合专业实践技能，原有的企业工程实训和生产实习整合专业职业技能，原有的创业创新实践和校企项目研发整合专业创新技能等。校企协同课程体系建设的整体思路如图 4-2 所示。

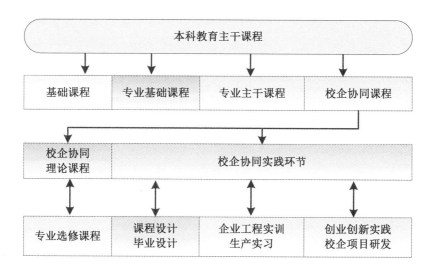

图 4-2　校企协同课程体系建设方案

在这里要强调一下，本节所提及的协同课程是一种广义的课程，其中不仅包括理论课程，而且主要包括实践类课程，这类协同课程主要依据企业（行业）特色而制定，不同的企业该课程体系是不一样的，所以这类协同课程不是单一的，而是应该提供给学生若干种选择，就像选修课一样，学生根据自己的就业需求选择不同的协同课程，实际上对于课程的选择也就是对企业（行业）的选择。因此，这种协同课程体系的建立给高校提出很大的挑战，为了满足不同学生的需求，高校应该与较多的企业进行协作，从而保证多数学生能在协同育人的过程中受益。总之，校企协同课程体系的建立，不是彻底否定传统的本科教育人才培养方案，而是在保持本科教育底色基础上的一种应用型人才培养改革。

综上所述，依托新工科的时代背景，合理的育人机制和有效的培养模式是成功实现校企协同育人必不可少的条件。校企双方都应不忘初心，牢记使命，高校应抓住本科教育的根本，企业也应承担起相应的社会责任，校企双方应积极展开基于校企协同专业课程建设的育人实践活动，在双方利益均衡的基础上实现校企及毕业生三者共赢。总之，推进"三教"改革，探索共建共享的校企合作模式，创建校企协同专业课程体系，创新校企协同育人机制，高效合理地将企业资源和高校资源进行整合，对校企协同育人的方式、内容、目标等进行细致的规划，在实施上做到因地制宜，促使企业在合作中多投入，更好地推动学生积极参与实践，获得更好的协同育人效果。

4.2 以实训基地为依托培养通信工程专业学生实践及创新能力研究[13]

4.2.1 引　言

针对如何提高通信工程专业学生的工程实践及创新能力的问题，本节提出了以实训基地作为依托，增加实践教学的比重，以培养学生的实践能力；将当前通信应用领域的热门及前沿问题作为理论和实践教学内容，以培养学生的创新能力；再结合由应试教育向实践创新教育转变的教学改革，培养学生在实践及创新方面的能力。

创新是一个民族前进的动力，是国家持续发展的基石。而实践是检验真理的唯一标准，只有在实践中才能不断地检验创新、激发创新。大学的创新教育是国家创新体系的基础，只有不断培养出具有真正实践及创新能力的学生，才能为社会提供所需人才。提高学生的实践能力和创新能力，既是经济社会发展对人才素质的要求，也是学生自我发展和增强就业竞争力的现实需要。通信工程专业由于技术发展迅速，知识更新快，更需要不断培养学生的实践创新能力，才能使学生在毕业后尽快适应工作岗位。另外，由于通信工程专业具有很强的理论性与实践性，这也必然要求要注重培养学生的创新能力与实践能力，而如何培养学生的这两方面能力就成为一项有意义的研究课题。

在国外，麻省理工学院、斯坦福大学、东京大学等许多著名大学从20 世纪 90 年代初便纷纷对其课程体系和内容作了改革，特别重视和加强了实践教学环节，增加了和实验教学紧密结合的教学内容，而且学生有更多机会参与导师的科研课题。在国内，北京邮电大学、北京理工大学、哈尔滨工程大学等高校的通信工程专业，为了促进在校本科学生实践创新能力的培养与提高，激发大学生的创新思维和创新意识，形成创新教育的氛围，进一步推动高等教育教学改革，提高教学质量，均建设了创新实践基地。

本节提出以通信工程实训基地作为依托，通过增加实践教学的比重，以达到培养学生实践动手能力的目标；另外，在理论教学及实践教学过程中，要引入当前通信应用领域的热门及前沿问题，使学生及时了解专业发展动态及存在的问题，以激发学生的创新欲望，达到培养学生创新能力的目标。而上述两个目标的实现应通过由应试教育向实践创新教育转变的教学改革来实现。

4.2.2 实训基地建设与实践创新能力的培养

1. 实训基地建设的重要性

目前，人才的培养模式正在走向大众教育的道路，社会需要的是具有实践经验和创新精神的人才，因此为了增强学生的就业竞争力，各高校在如何提高学生的实践能力和创新能力上都进行了深入的理论研究和实践探索。实践教学基地，即实训基地为高校开展实践教学，提高学生实践能力和创新能力提供了必要的条件。一方面，实践教学的大部分任务由实训基地承担；另一方面，实训基地也为学生在校期间实践创新能力的培养以及形成良好的职业素质打下了初步的基础。

所谓实训，就是让学生在高度模仿真实职场的实践环境中学习，以项目团队的组织形式完成实战项目训练，让学生亲身感受规范的项目开发流程，在真实的企业项目开发过程中提高实际应用能力，积累项目开发和团队合作经验。上文所提的国内外诸多的知名高校均与知名企业共同建立实训基地，开发设计实训方案，给学生提供真实的实训环境。因此，实训基地的建设与发展，是高等工科学校进行工程素质教育发展的必然趋势。

2. 基于实训基地的实践创新能力的培养

通信学科的特点是发展速度快，新技术、新理论不断涌现，知识更新速度快，企业在人才需求上也不断出新。从现代通信技术发展新趋势和通信行业人力资源需求形势来看，从实验到实训是现代通信专业工程教育的新模式[15]。实训基地应紧扣人才市场需求，合理定位，把企业的需求作为工程教育的出发点，开展面向在校学生的专业技术实战培训，增强学生的技术业务素质和就业信心。同时，高校要及时了解目前通信行业发展及人力资源需求，与企业开展互动，合作建设实训基地。通过校企合作，推进网络通信工程教育的发展，寻找一条现代网络通信工程教育的变革方向和路径。培养通信工程专业学生特别强调把专业知识、技能、智力资源转化为社会实践能力。普遍要求不仅掌握一定的专业领域的知识，更重要的是要具有专业技术的操作能力，有专业实践经验。通过在实训基地的学习和培训，很快掌握企业要求的各项基本技能，在完成该过程之后，学生凭借其专业基础可以很快适应企业的各项要求。我们培养的大学生如果想适应社会，适应发展型企业的要求，就必须在实践能力、创新能力、探究能力、信息获取能力、协作精神、专业和社会资源综合应用能力方面给予充分的重视和培养，学生不能仅仅成为传统知识的继承者和技术的实践者，还应该成为新技术的吸收者、发展创新者和社会的实践者。高校在这个转化过程中将更加突出的表现其工程实训模式和教育理念的改进、革新，甚至是创新。

4.2.3　通过实践教学改革培养学生的实践动手能力

1. 建设校内实践教学基地，提高实践教学的水平

第一，校内实践教学是培养适应社会需求的高级应用型专业人才重要举措，是提高学生动手能力的一个重要手段。要完成对学生实践能力的培养仅靠校外实习是行不通的，必须建立校内实践基地，特别是一些基础的实践教学任务必须在校内完成。因此，建设高标准的校内实践基地非常必要。通过校内实践教学可以培养学生的适应能力和创新意识，为今后走向社会打下良好的基础。校内实践教学便于紧密联系教学，深化相关知识的理解，校内教学基地针对不同的学科有不同的侧重点，充分利用校内的各种教学资源。校内教学基地主要形式包括基本技能实验室、校内实训车间、电脑仿真设计及结合校内管理的实践基地等。

第二，实训室建设是校内实践教学的重要形式。实训室不同于校外的实习基地，其特点是为学生提供一个在相对较短的时间内将理论知识转化为实践能力的场所，因此，对实训室的要求标准就比较高。实训室

建设要根据实训室的特点重点考虑两个方面的内容。一是要功能齐全，既有基本技能训练的常规设备，又要包含专业技能、技术应用与创新能力训练的专业设备，真正成为教学、科研、生产、培训相结合的多功能实践基地。二是注重提高实训教师队伍建设。由于实训室是组织学生开展实践操作，提高学生动手能力的场所，因此，对教师的要求很高。既要有较高的专业理论水平，又要有较强的实践操作能力；既要了解企业的运作情况，又要掌握教育规律，必须具备"双师型"或"双师素质"。否则，再好的设备也无法发挥出应有的作用。

第三，电脑仿真设计也是校内实践教学的一种常用方式。充分利用计算机软硬件技术的发展，指导学生在计算机上进行模拟实践操作，可以将一些复杂的实践操作充分展示出来，从而补充实训室等其他形式的校内实践教学的不足。

2. 提高课堂实践教学水平，积极开展研究性学习

近年来，研究性学习已逐渐得到广泛认可和推广，极大丰富了传统的教学方式，创造了新的课程形态[16]。研究性学习从广义上讲，就是教师在教学过程中以问题为载体，创设一种类似科学研究的情境和途径，指导学生自主发现问题、探索问题、获得结论的过程，这是对传统课堂上的提问的深化和扩展。狭义上的研究性学习是作为一门独立的课程，是指在课程计划中有一定的课时数，教师在传授给学生研究方法的基础上，让学生从社会、自然和生活中进行选择和确立研究课题，在课题的研究过程中获取知识、应用知识、解决问题。

3. 完善考试制度，营造实践教学的氛围

对在校学生来讲，考试成绩是证明学业好坏的重要指标，将实践教学内容纳入考试中，对营造实践教学的氛围和促进学生重视动手能力有十分重要的积极作用。考试不应仅仅是笔试，还应通过各种方式考查学生的想象力、创造力、动手操作等各方面的能力。也可以将日常实践教

学中的论文、实习报告、操作考核等内容都纳入考试成绩的权重中，让学生实践动手能力的水平在学业考核中得到充分体现，这在无形中促进了学生实践动手能力的提高。

4.2.4 通过热门及前沿专业技术知识的教学改革培养学生的创新能力

1. 在课堂教学中增加前沿热门专业知识的应用比例

未来社会需要的人才是具有创造性的复合型人才，学校教学体制的改革应以培养这种创造型人才为中心。根据未来社会对创造型人才的需要，教学改革要突破过去传统的教学思想、教学观念的束缚，寻找各种新的教学手段，培养学生创新能力。特别对于课堂教学内容的改革方面，一定要将在实际中应用较为广泛和尚未成熟的专业技术知识有机地融入课堂教学中，因为通过对这些知识的学习，一方面使学生了解本专业领域的实际应用，另一方面也让学生知道本专业的发展前沿和亟待解决的问题，从而激发学生的实践创新意识，为学生在实训基地能够出色完成学习任务打下良好的理论与思想基础。

2. 在实训基地进行前沿热门专业技术知识的实践活动

加强实践性教学环节，是培养学生实践能力和创新能力的根本途径[17]。为适应 21 世纪科技革命的需要，在实施素质教育中要特别注重在专业理论教学与实践教学的具体实施上狠下功夫。在实训基地的实践教学过程中，也要适当增加前沿热门专业技术知识等教学内容，这可以让学生有机会把在课堂教学中了解到的上述知识初步在实践中加以运用和验证，从而加深对理论知识的理解和掌握。更为重要的是，学生通过本专业领域的前沿热门专业技术知识在实际中的运用，不但可以提高实际动手操作的能力，熟悉专业方面的业务操作规程，而且可以有机会对于相关技术难题进行创造性思维，在实践过程中激发学生的想象力和创造力，这可以达到事半功倍的效果。

综上所述，本节针对通信工程专业的特点，分析论述了以实训基地作为依托如何培养学生的实践及创新能力。主要的培养思路是通过课堂及实践教学改革，在提高学生实际动手能力的同时，通过热门或前沿专业技术知识的学习和实践，激发学生的创新意识，从而培养学生的实践创新能力。实践证明，这种依托实训基地培养学生实践创新能力的教育教学模式是行之有效的。需要特别指出的是，这种培养实践创新人才的模式关键是实训基地的建设，其中包括硬件设备的投入、师资力量的提高及校企合作的加强，这些都是这一培养模式现在和将来需要重点解决的问题。

4.3 新工科人才培养实践创新平台建设的改革与实践——以梧州学院为例

4.3.1 引　言

新工科人才培养实践创新平台建设的改革，就是面向梧州市、粤桂合作特别试验区及毗邻珠三角地区的光电产业，以广西一流学科"信息与通信工程"为基础，依托国家一流专业"电子信息工程"及自治区级一流专业"通信工程"为核心的电子信息专业群，在新工科专业建设背景下，推动相关学科和专业交叉整合，整合梧州学院"国家众创空间""广西智能显微设备工程技术研究中心"等广西壮族自治区重点实验室和"电子技术实验教学中心"广西高校实验教学中心的资源和优势，建成服务地方光电产业的新工科人才培养协同实践创新平台。

4.3.2　改革的目的意义及目标

1. 改革的目的意义

（1）整合和发挥国家众创空间、广西工程技术研究中心、广西省级重点实验室和广西高校实验教学中心的资源和优势，围绕光电设备产业链，建成面向地方光电产业的人才培养协同实践创新平台。

（2）通过科研、创新创业和教学实验多平台协同，形成"产（产教融合）、赛（赛教融合）、研（科研反哺）、创（创新驱动）"的人才培养新模式。

（3）以广西一流学科为基础，以国家及自治区一流专业为核心，以新工科的内涵和要求推进学科和专业交叉融合，加快产教融合，促进成果转化，使相关学科和专业更有力支撑地方光电产业的发展。

2. 改革的目标

（1）整合科研、教学实验和创新创业教育资源，构建由国家众创空间、广西工程技术研究中心等科研机构和广西高校实验教学中心相互协同的面向地方光电产业的人才培养实践创新平台。

（2）加强产学研合作，加快产教融合，以新工科建设的内涵和要求，推进学科和专业交叉融合，建设以"电子信息工程"国家一流专业为核心、以"软件工程"等广西特色专业、"通信工程"自治区一流专业为骨干的电子信息新工科专业群，有力支撑地方光电产业发展。

（3）探索构建基于"产（产教融合）、赛（赛教融合）、研（科研反哺）、创（创新驱动）"为基本构架，通过重构人才培养过程，形成多维应用型人才培养新模式。

（4）建立产教融合长期机制，形成产学研协同育人格局。与企业完成专业课程体系与行业技术的对接，完善行业企业导师教学指导机制，建立适用双导师制的学分制管理制度和考核制度。

（5）通过广西重大科技专项"智能显微设备关键技术研发与产业化"和一批与光电企业合作的科研项目实施，研发出一批关键技术和具有自主知识产权的新一代智能化光电产品，加快以梧州奥卡光学仪器设备有限公司为代表的一批传统企业产品升级，推动广西光学产业升级。

（6）发挥国家众创空间优势，加快光电设备智能化关键技术成果转化，培育若干个师生共创的微型企业。

4.3.3 改革的工作基础

1. 产业基础

梧州是广西的东大门，是广西深度融入粤港澳大湾区的门户城市。2014年国务院发布《国务院关于珠江-西江经济带发展规划的批复》使珠江-西江经济带发展规划上升为国家战略，梧州作为西江经济带的龙头城市区位优势明显，迎来大发展机遇。《梧州市人民政府办公室关于印发梧州市推动新兴产业发展实施方案的通知》梧政办发[2017]157号文中提出要依托梧州电子信息产业园区、粤桂合作特别试验区等平台，主动承接电子信息上下游产业转移，加快构建以电路板为核心的电子信息产业集群，到2020年年底产值达到300亿元以上，形成集电子信息材料、配套产品、配件生产、整机生产、电子信息服务于一体的电子信息产业链。梧州市拥有深厚的光电产业基础，广西光学产业发源于梧州市，广西第一台光学显微镜由梧州市光学仪器厂研发制造，该厂在20世纪是国内三大显微镜企业之一，其生产的显微镜远销欧美多国，有相当高的知名度。目前梧州市已拥有梧州奥卡光学仪器有限公司、广西奥顺仪器有限公司等一批本土光电仪器公司，同时国光梧州产业基地、忠德智慧光电信息产业、顺盈森能源光电、宿龙高科智能终端触控、圣享电子变压（电感）器等企业已入驻粤桂合作特别试验区，形成光电产业群，为梧州学院新工科专业群的产教融合提供了重要平台。

2. 专业基础

梧州学院"电子信息工程"专业为国家级一流本科专业及国家级特色专业，"通信工程"专业为自治区一流专业，目前已形成了以电子信息工程专业为核心，光电信息科学与工程、机器人工程、通信工程、机械设计制造及其自动化、数据科学与大数据技术、软件工程、计算机科学与技术、物联网工程、数字媒体技术等相关专业为支撑的新工科专业群，其中软件工程是自治区级特色专业、自治区级一流本科专业，物联网工程是国家在广西首批布点的新兴信息技术专业，光电信息科学与工程、机器人工程、数据科学与大数据技术是这两年梧州学院新布点的新工科专业。相关专业学生规模达 4 000 多人，每年为社会输送约 1 000 多名光电、机电和电子信息工程技术专业人才，毕业生就业率达 90%以上，主要立足梧州，东融粤港澳大湾区，服务珠-西经济带，成为地方光电产业发展的重要人才支撑点。

3. 学科基础

梧州学院"信息与通信工程"是广西一流学科，"信号与信息处理""机械及自动化"是广西重点学科，"软件工程"是广西重点培育学科。梧州学院取得"电子信息"专业学位硕士立项建设点以及有"电子与信息技术"梧州市人才小高地称号。多年来，梧州学院以"信息与通信工程"一流学科建设为龙头，促进优势学科与本科专业的协调建设，在师资队伍综合建设、专业人才培养方案及课程体系优化、专业实验实践环境、教学方法改革、学生创新能力训练与教材资源建设等方面提供了重要支撑。

4. 平台基础

梧州学院已形成了以"广西智能显微设备工程技术研究中心""图像处理与智能信息系统""行业软件技术"广西高校重点实验室等科研

平台为依托，以微软 IT 学院、电子技术实验教学中心、软件工程实验教学中心等广西高校实验教学示范中心等教学平台为中心，并以国家级众创空间为辅助的协同式育人平台，构建了基于"产（产教融合）、赛（赛教融合）、研（科研反哺）、创（创新驱动）"的多维实战育人教学新模式。其中，梧州学院众创空间是第三批国家级众创空间、广西首批众创空间。梧州学院是"自治区级首批深化创新创业教育改革示范高校"，广西高校只有 5 所本科院校获此殊荣。

5. 项目基础

近年来，电子信息专业群实施了一批重要的产学研合作项目，与梧州奥卡光学仪器有限公司、广州晶华精密光学股份有限公司等联合申报了广西科技重大专项——"光学显微设备智能化关键技术研发及产业化"，获批经费 1 300 万，项目的实施对广西壮族自治区显微设备产业升级产生重大推动作用，该项目已吸收 20 名优秀学生参与子课题的研发；梧州学院的广西智能显微设备工程技术研究中心研发的"远程智能显微工作站"，每年为企业盈利 1.2 亿元，部分学生全程参与了该项目的研发；2019 年师生共同参与产学研项目"基于手术显微镜的可视信息全景深合成系统"获得了广西梧州高新技术产业开发区立项资助，资助经费达 35 万元；与梧州市公安局合作的"梧州市公安视频图像大数据分析处理平台建设与关键技术研发"得到广西科技厅重点项目立项资助经费 80 万元，该项目培养了一批优秀的毕业生。近 5 年，与梧州市高新区、企业合作共同申报广西科技开发项目 5 项、横向科研项目 20 多项，获得研发经费超过 2 000 万元。

6. 成果基础

近年来，梧州学院累计获得自治区教育教学改革质量工程项目 35 项，自治区级教改项目 107 项，自治区级教学成果 11 项，其中"基于国家级众创空间的特色育人模式在新建地方高校中的创新实践"获得区级教学成果奖一等奖。梧州学院是广西高校首批国家级众创空间、广西大学生创业示范基地、广西整体转型试点高校。获得国家级大学生创新创业训练计划项目 241 个、国家级大学生校外实践教育基地建设项目 1 个。学生在中国大学生计算机设计大赛、全国大学生电子设计大赛、全国大学生机械创新设计大赛、全国大学生工程训练综合能力竞赛、"创青春"、中国大学生"互联网+"创新创业大赛等学科竞赛活动中获得国家级奖项 90 多项。

4.3.4 改革与实践的思路和举措

1. 总体思路

（1）多学科多专业交叉融合，协同培养面向光电产业的"新工科"人才。

新工科人才培养实践创新平台建设的改革与实践，由梧州学院电子与信息工程学院、大数据与软件工程学院和创新创业教育学院共同实施。以产业发展需求为驱动，推动电子工程、计算机两大专业群交叉融合，布局机器人工程、大数据技术和人工智能等新兴专业建设，使人工智能、大数据和物联网等新一代信息技术向传统学科专业渗透，使学科和专业更适应光电产业的升级和转型。利用新兴创新创业教育资源，紧贴产业，促进产教融合，加快科教成果转化，构建对地方光电产业有力支撑，有特色的电子信息"新工科"专业群，培养高质量的"新工科"人才，如图 4-3 所示。

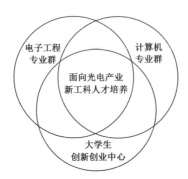

图 4-3　多学科多专业交叉融合实现"新工科"人才培养

（2）多平台资源整合，协同支撑新工科人才培养实践创新平台。

　　整合三个学院的科研、教学实验和创新创业平台资源，解构光电产业技术链，找到新工科专业对应的细分切入领域，对接产业共性技术和人才需求。发挥国家级众创空间、广西智能显微设备工程技术研发中心、广西省级重点实验室和广西高校实验示范中心的优势和特色，在实践教学、技能实训、生产实习、科学研究、创新创业等人才培养各个环节协同支撑新工科人才培养实践创新平台，如图 4-4 所示。

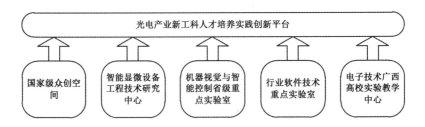

图 4-4　多平台相互支撑构成新工科人才培养实践创新平台

2. 具体措施

（1）搭建平台，协同培养目标。

　　由梧州学院电子与信息工程学院、大数据与软件工程学院、创新创业教育学院（国家级众创空间）、广西智能显微设备工程技术研究中心、机器视觉与智能控制省级重点实验室、行业软件技术广西高校重点实验室等多个主体，通过学科共融、资源共享、体系共建、课程共改等方式，打破学科壁垒与专业藩篱，以"工程创新能力"与"适应变化能力"为核心培养目标，共同搭建面向地方光电产业的实践创新平台，如图 4-5 所示。

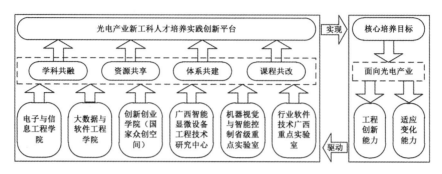

图 4-5　面向光电产业的人才培养实践创新平台基本架构

以学生为中心，重构实践能力培养过程，划分各主体承担的实践实训职能，明确其间的耦合关系，以实现对不同培养环节的有效支撑，如图 4-6 所示。

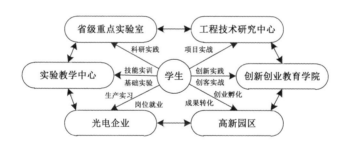

图 4-6　以学生为中心的实践能力培养过程

（2）组建联盟，协同运作方式。

与梧州市科技局、工信局等职能部门，粤桂合作特别试验区等园区，光电设备制造企业共建"光电新工科教育联盟"，作为实践创新平台的主要载体。

"联盟"各单位共同规划设计电子信息类新工科专业群与光电产业链的技术对接表与发展路线图，将电子信息工程等传统工科专业的"新"

型改造以及机器人、物联网、大数据等专业的"新"型建设，融入光电产业技术链，精准支撑地方光电产业的生产智能化、器件智造化、产品智慧化、信息共享化、数据可视化、服务网络化的多元化发展，如图4-7所示。

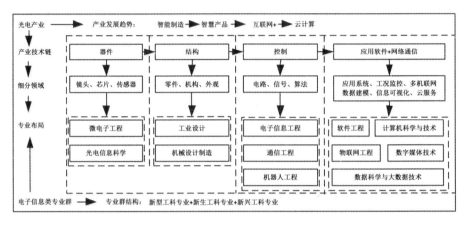

图 4-7　电子信息类新工科专业群与光电产业技术链对应关系

按照"专业对接行业、实训扎根基地、科研结合产学、项目推进创新"的基本思路，以梧州学院电子与信息工程学院为常务机构，完善合作机制，建立导向机制、动力机制、约束机制、保障机制等长效合作机制，明确各方权利和义务，使校企合作由自发分散状态转为自觉集中状态，形成团体优势，实现各方互利共赢。

（3）构建体系，协同培养模式。

① 构建多维立体协同式实践教学体系。

以电子信息工程国家一流专业为核心、软件工程广西特色专业为骨干，遵循"基础技能训练→综合技能训练→科技竞赛→创新创业能力培养→技术研发与应用"梯级递进的思路，构建基于"产教融合、赛教融合、科研反哺、创新驱动"的多维立体协同的实践教学体系，如图4-8所示。

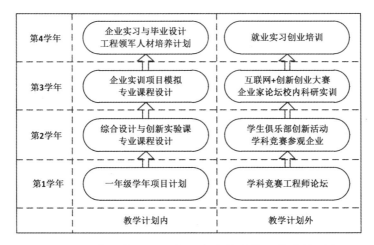

图 4-8 "产、赛、研、创"实践教学体系的实施过程

② 建立一体化实践创新环境。

以"信息与通信工程"广西一流学科为核心、以软件工程广西重点培育学科为骨干，重构新工科背景下的光电技术专业知识体系，系统化地完善人才培养的计划和过程。对分布于电子与信息工程学院、大数据与软件工程学院、创新创业教育学院和企业的教、科、创平台进行整合，形成一体化的实验实训环境，让课程实验实训、课余科研实战、岗位技术实习、创新创业实践贯穿学生的整个学习过程，如图 4-9 所示。

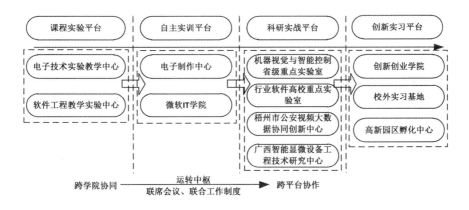

图 4-9 多层次一体化实践创新环境

③ 建立多元化校企融合接口。

在教学层面，一是企业、校内科研机构、专业教研室共同研发光电产业的技术方向课程模块；二是建立企业案例到课程实践案例的系统转化模式；三是面向岗位需求，共同组织开展技能竞赛。在科创层面，一是建立专业教师、工程师对学生科技社团的常态化指导机制；二是面向行业技术需求，通过广西智能显微设备工程技术研究中心及创新创业教育学院，以预研方式融入教师科研项目、学生创新项目，引导学校师生紧贴业界开展基础研究和应用研究；三是以创新创业教育学院为主体，打通政、校、企各环节，对师生的科研创新成果进行共同转化或联合孵化。通过以上方式，使协同育人与实践创新在人才、知识、资源等方面深入开展，如图 4-10 所示。

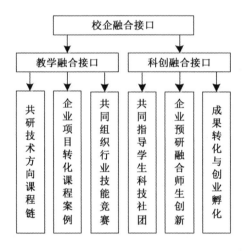

图 4-10　多元化的校企融合接口

（4）创建机制，形成育人范式。

在光电新工科教育联盟的指导下，建立与完善校企之间的人员交流、知识交流、技术交流机制及人才培养的多元评价机制，使校企在师资队伍、培养方案、课程体系等方面形成育人范式，如图 4-11 所示。

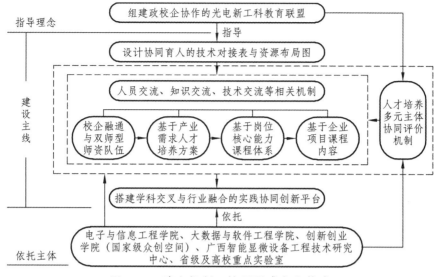

图 4-11　建立机制、协同形成育人范式

① 与光电企业共同实施"教师进企业、工程师进学校"的双进工程，通过企业导师、集中授课、专题讲座、工程学分等方式，建立一支"校企融通、专兼一体、双师双能"的高水平高素质优秀实验实训教学团队。

② 依据新工科背景下光电产业需求，对焦工程教育专业认证，按照"实基础，适口径，重能力，能创新"的应用型人才培养要求，顺应光电设备制造的"互联网+"发展趋势，校企合作修订完善相关专业群的人才培养方案，使方案兼具行业背景、工程实践及创新能力培养特色。

③ 以光电行业岗位核心能力为主线，优化课程体系。与行业（企业）合作开发课程、重组课程结构、调整力度，构建以"研发设计、工程实施、系统集成"为核心能力培养的课程体系。课程设置上采用"大平台，小模块"模式。"大平台"即开设通用公共课程，"小模块"即按照该专业在光电产业技术链中对应的岗位要求，设置由 3~4 门专业课构成的技术方向课程链，并根据社会需求动态调整各模块的课程教学内容，如图 4-12 所示。

图 4-12　课程体系构建流程

④ 以企业项目为载体设计课程内容，体现真实的专业职业岗位的工作过程。选择最能涵盖岗位所需知识、技能及职业素质的工作项目，在企业专家的协助下将工作任务分解，按照工作流程，对工作任务序列化，设计相应的学习情景。

⑤ 改进考评机制。依据光电行业强调工程实践、工作协同的特点，改革电子信息类新工科专业群的教学方法与考评方式。在评价主体、评价内容、评价方式等多方面进行改革，建立多元评价机制，通过"以赛代考""以研代考"等方式，鼓励学生积极参与专业竞赛、科研训练，建立起完善的实践教学评价体系，切实引导学生重视和加强实践能力培养。

（5）营建优势，推进创新创业。

① 充分发挥创新创业教育学院的国家级众创空间优势，建立学校科研成果、企业技术需求的发布与对接平台，并以广西重大科技专项"智能显微设备关键技术研发与产业化"为牵引，联合梧州高新园区、粤桂特别合作试验区，针对教师科研项目、学生创新项目，制订光机电类项目的引导、资助、孵化的专项政策与服务机制，推动成果转化与微创企业孵化。

② 积极开展"四创"教育。推行本科生导师制，校企合作组建"创新、创意、创造、创业"的"四创"教育导师团。将四个学年分成三个阶段，即以创新型项目化课程、创新工程竞赛和创新型毕业作品的进阶方式，有机融合创新创业课程、各类科研课题、对外服务项目和学科竞赛，把"四创"教育融入人才培养体系，渗透应用型人才培养全过程。

3．创新点

（1）平台建设创新。众创空间、科研机构、教育实验中心多平台协同，形成面向地方产业的人才培养和技术研发平台和机制。

（2）人才培养体系创新。构建电子信息类新工科专业群，形成"产教融合、赛教融合、科研反哺、创新驱动"为基本构架与内容的人才培养体系。以科研项目实施，科研平台和创新创业平台建设为载体，重构人才培养的要素和过程，形成面向地方产业新的人才培养模式。

（3）实践教学路径创新。提出"基本技能训练→综合技能训练→科技竞赛、技能竞赛训练→创新创业能力培养→技术研发与应用"梯级递进的实践教学新思路。

（4）实践课程项目化创新。与企业联动，实行项目引导、任务驱动，实施基于工作过程的课程教学，实现课程与生产相结合，建立学校教学、下企业实践、为企业社会服务的课程项目化特色教学。

（5）实践教学方法创新。"多维立体"协同式实践教学方法打破传统课堂的区位限制，由教室到实训室、由课内到课外、由基础到进阶到创新、由学校到企业、由学习到生产、由虚拟到真实的多维立体化实践能力培养，扩大了教学的形式和内涵。

综上，通过梧州学院学科整合、专业整合及平台整合，以国家级一流专业及自治区级一流专业建设为依托，面向地方光电产业进行新工科人才培养实践创新平台建设的改革与实践，通过在平台建设、人才培养体系、实践教学路径及实践课程项目化等方面的创新，使得通信工程专业在协同育人的大环境下得以快速发展。

参考文献

[1] 郭铁梁,张文祥,李志军.新工科背景下校企协同育人关键问题分析及机制探索[J].梧州学院学报,2020,30(06):81-86.

[2] 毕鹤霞,陶美重.从研究生教育成本分担透视研究生教育消费[J].航海教育研究,2005(04):49-52.

[3] 李冠男.筑波大学本科跨学科人才培养改革与发展研究[D].保定:河北大学,2020.

[4] 顾明远.教育大辞典[M].上海:上海教育出版社,1998.

[5] 邬大光.本科教育基因六大特征解析[N].光明日报,2018年11月27日,13版.

[6] 张英姿.创新企业管理目标体系 提高企业管理水平[J].中外企业家,2018,607(17):6-7.

[7] 何家凤,毛敏.我国国企社会责任的履行与治理对策[J].未来与发展,2010(12):70-74.

[8] 白金.中央企业的社会责任与财务管理目标探讨[J].经济研究导刊,2010,000(035):140-143.

[9] 邓一星.软件工程专业校企协同育人机制的探索与实践[J].电子测试,2016(10X):174-175.

[10] 张丽娜.创新协同育人机制,创建一流专业——物联网工程专业校企协同育人机制探索[J].智库时代,163(47):245,247.

[11] 黄勇,朱昌洪.独立院校协同育人模式的探索和实践[J].科教导刊,2017(16).

[12] 陈兴文,刘燕,邵强.校企协同育人多元化模式的构建及其实践策略的研究[J].大连民族大学学报,2016,v.18(01):95-99.

[13] 张智勇,郭铁梁,张小清.以实训基地为依托,培养学生实践与创新的能

力——以通信工程专业教学为例[J].教育探索,2014(04):62-63.

[14] 李志军, 张智勇, 陈丽娟. 通信工程专业实训基地建设与实践[J]. 实验室研究与探索, 2009, 28 (6): 146-149.

[15] 李志军, 马鸣霄, 陈丽娟,等. 依托实训基地的程控交换课程教学改革 [J]. 实验室研究与探索, 2011, 30 (8): 178-180.

[16] 代岚, 李殿宝. 改革实践教学方法培养学生动手能力[J]. 辽宁高职学报, 2007, 9 (12): 70-71.

[17] 张佩茹. 重视教学改革　培养学生的创新能力 [J]. 教育探索, 2002(02).

第5章
科研促进教学改革研究

　　科研是大学活力的源泉，以科研促进教学是提高大学教学质量的重要途径。科学研究不仅可以增强教学的深度、拓展教学的广度，而且可以更新教师知识结构、完善教师的知识体系，提高教学效果。高校教师既要从事教学，又要进行科研，要将两者有机结合，以科研促进教学。重视科研对教学的促进作用，把科研与教学有机地结合起来，把科研成果带入课堂，把最新的知识和信息传递给学生，以促进教学质量不断提高。另外，教师开展的科研与课程具有一致性，科研成果转化为教学内容，科研成果与教学有机地结合起来，教师将科研课题的研究成果直接带入课堂，将最新知识和信息传递给学生，从而能够很好地推动教学。科研工作和教学相辅相成，相互促进。近年来，笔者在科研项目的带动之下，在长期的科研实践及本科教学实践中，理论联系实际，把握前沿动态，并将科研的思维方法及成果融入教学中，使学生不仅是专业知识的学习，也是思维方法的学习，得到了学生较高的评价。科研工作的开展开阔了教学的视野，丰富了教学的手段，革新了教学的技术，提高了教学的质量，对教学工作起到了巨大的促进和推动作用。本章将以水声通信中的两个典型科研实例，对科研促进教学进行阐述，首先介绍水声信道相干多径特性仿真研究，然后探讨一下基于 Matlab 的时延差编码被动时反镜水声通信系统仿真实验设计。

5.1 水声信道相干多径特性仿真研究[1]

5.1.1 引 言

对于水声通信系统，水声信道存在严重的多径效应，其产生的多径时延会引起严重的码间干扰，从而导致不同程度的信号衰落和畸变。鉴于这一问题，在水声信道相干时间范围内，基于一种相干多径的信道简化模型，计算机仿真分析了多径效应对水声通信系统的影响，并在不同声速梯度分布情况下进行计算分析，同时结合水声信道的其他传播特性，在不同海况下（浅海和深海）分别进行仿真验证。上述研究结果表明，相干多径模型在一定程度上正确合理地模拟了海洋水声信道的传播特性。

相对于陆上无线电磁通信，水下通信带宽要窄得多，传输距离在 1 ~ 10 km，带宽小于 10 kHz；传输距离在 0.1 ~ 1 km，带宽为 20 ~ 50 kHz [2]。多径效应是指从不同方向经过不同路径到达接收端的信号叠加，从而引起接收信号的时延扩展和幅度随机起伏的现象。由于水声信道传输媒质的不均匀，与陆上无线电磁波信道相比，水声信道传输存在严重的多径现象。多径效应会不同程度地引起信号的衰落和畸变[3,4]，从而影响水声通信系统的可靠性。因此，分析研究水声信道多径效应的规律，建立与多径现象相关的、符合实际情况的数学模型，对水声通信系统具有重要意义。

为了更好地了解和掌握水声信道的复杂特性，从 20 世纪 60 年代开始，人们开始了水声信道的建模，最初只有射线理论和水平分层的简正波理论。70 年代开始，出现了抛物方程理论和耦合简正波理论，能处理信道二维变化的问题[5]。近半个世纪来，国内外都投入了相当大的力量，在建模理论和应用方面取得了重大进展。一般常用的声场模型有以下五种：射线理论模型、简正波模型、多径扩展模型、快速场模型和抛物线方程模型[6]。其中，多路径展开技术使用无限个积分展开波动方程的声场积分表达式，每个积分代表一个特定的声线路径，这样每个简正波就能用相应的声线代表。该方法也称 WKB（Wentzel、Kramer、和 Brillouin）近似方法[7]。另外，文献[8]介绍目前几种射线理论模型的数学描述，文献[9]在射线理论模型的基础上，主要分析浅海水声信道的确定性模型，以及基于时延和幅度衰减统计特性建立的随机统计模型。实际水声信道是复杂时变的，一般情况下，只有在相干时间范围内，水声信道才可以被看作是线性时不变的。所以，为了理论研究的需要，水声信道有时可被简化为仅存在多径效应的相干多径信道。

本节内容主要针对水声信道的相干多径特性，总结分析与之相关的数学模型。首先仿真分析多径效应对水声通信系统产生的影响，然后在不同梯度分布情况下进行仿真分析，最后综合分析水声信道的衰减、多普勒效应、噪声及多径效应共同作用的水声信道综合模型，并分别在不同海况下进行计算机仿真研究。

5.1.2 相干多径模型及仿真分析

1. 多径效应对水声通信系统的影响

多径效应实际上已经成为一个重要的影响水声通信系统性能的不利因素。对于单个接收器来说，多径效应会引起信号幅度和相位的起伏。由于多路径信号到达的时间不同，在导致信号发生畸变的同时，也会展宽信号的频带，使信号发生频率选择性衰落。通常情况下，水声信道中的窄带信号将产生平坦性衰落，而频率选择性衰落是由宽带信号引起的[10]。由于海水中水团、湍流、内波等的作用，多径效应总是时变的，而且受发射及接收设备的相对位置影响。对于数字通信系统，多径效应所产生的直接后果就是码间干扰(Inter Symbol Interference，ISI)。特别在浅海信道中水平传播的情况下，中、高通信速率的码间干扰将会达到几十至几百个码元宽度。这和陆上无线电磁信道中码间干扰通常为几个码元宽度的情况相比，对系统性能的影响非常大[11]。由多径所导致的码间干扰，严重影响水声通信系统的性能。因此，消除或减小多径效应所引起的码间干扰，使数据在水声信道中有效可靠传输，将成为水声通信领域最重要的任务。目前，人们通常采用自适应均衡技术、扩频技术、分集技术和阵列技术来对抗多径效应[12,13]。

设海洋相关多径信息的冲激响应函数 $h(t)$ 为

$$h(t) = A_0 \delta(t - \tau_0) + \sum_{i=1}^{N-1} A_i \delta(t - \tau_i) \qquad （5-1）$$

式（5-1）中，A_i、τ_i 分别为声线在接收点的幅度和时延，N 表示多径数量。通常所说的本征声线簇指的是式（5-1）中冲激响应函数的声线集合[14]。

用 $Z(t)$ 表示声线发射信号，那么多径信道中的接收信号可表示为

$$S(t) = A_0 Z(t - \tau_0) + \sum_{i=1}^{N-1} A_i Z(t - \tau_i) \qquad （5-2）$$

式（5-2）中，右边第一项表示直达声信号，第二项表示折射声波或多次界面反射声波所产生的多径叠加信号。第二项在时间上与第一项相重叠会发生干涉现象，从而使合成信号的波形和幅值发生畸变，导致接收信号不同于发射信号。若码元的宽度小于第二项与第一项的时延差，那么就会与后面的码元叠加发生干涉，即"码间干扰"。如果码元的时延分辨宽度大于上述时延差，就会产生由多径效应引起的"幅度衰落"。

由于水声信道的时频空变性，目前还没有一个精确完整的模型可对其进行描述。但是，可以针对水下某一特定环境或某一应用范围对其进行分析和研究。下面利用实际的试验数据，对式（5-2）所建立的多径模型进行仿真验证。为了重点说明多径现象对于水声通信系统的影响，暂时不考虑噪声和多普勒效应的影响。仿真使用单频正弦信号作为发射信

号，经过 5 条路径传播，试验数据是文献[15]提供的 2005 年 12 月在南海某浅海试验海域进行高速水声通信试验时测得的，幅度衰减和相对时延如表 5-1 所示。

表 5-1　水声信道多径幅度衰落和相对时延

路　径	1	2	3	4	5
相对时延/ms	0	1.4	1.8	6.6	7.2
幅度衰落	0.419 7	0.293 9	0.093 88	0.073 54	0.047 32

仿真结果如图 5-1、图 5-2 所示。图 5-1 是幅度为 1、频率为 10 kHz 的单频正弦信号的发射波形及频谱。图 5-2 是信号经 5 径时变水声信道后的时域波形和频谱。图 5-2 表明，输出时域信号的包络随时间起伏，输出信号的频谱则发生了扩展。

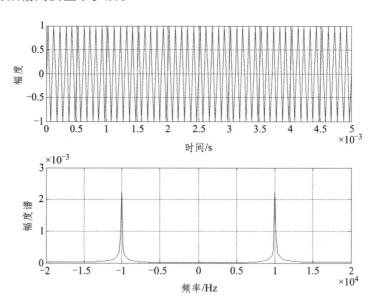

图 5-1　输入单频信号的波形与频谱

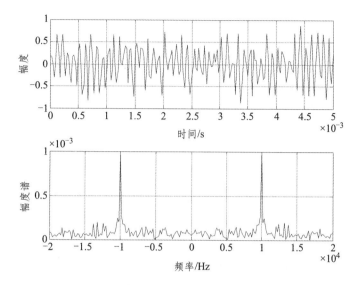

图 5-2　信号经过水声多径信道后的波形和频谱

由于多径传播会导致频率选择性衰落，下面对水声信道的多径估值及其频率选择性进行分析。设水中声速为 1 500 m/s，A 表示信号幅度，f 表示信号频率，l_n（$n=1,2,\cdots,N$）为各径的路径长度，t_n（$n=1,2,\cdots,N$）为多径时延，τ_n（$n=1,2,\cdots,N$）为相对时延，Γ_n（$n=1,2,\cdots,N$）为每条路径的累积界面损失系数。于是，可以得到第 n 条路径传输距离为 l 时的频域响应函数[16]：

$$H\left(l_n,f\right)=\Gamma_n\Big/\sqrt{A\left(l_n,f\right)} \tag{5-3}$$

对式（5-3）进行 IDFT，可得到该径信号的时域表达：

$$h\left(t\right)=\sum_{n=1}^{N}h_n\left(t-t_n\right) \tag{5-4}$$

因此，频域的多径模型可近似表达为

$$H\left(l,f\right)=\sum_{n=1}^{N}\Gamma_n\Big/\sqrt{A\left(l_n,f\right)}\exp\left(-\mathrm{j}2\pi ft_n\right) \tag{5-5}$$

由于多径分量的功率强度可表示为

$$p_n = \int_{B(l)} S_l(f) A^{-1}(l_n, f) \mathrm{d}f \qquad (5\text{-}6)$$

式（5-6）中，$n = 1, 2, \cdots, N$，B 表示信号带宽，S 表示信号的功率谱密度。于是，信号的最大时延为

$$T_m = t_N - t_1 = \tau_N \qquad (5\text{-}7)$$

平均时延可用式（5-8）计算：

$$\overline{\tau} = \frac{\sum_n p_n \tau_n}{\sum_n p_n} \qquad (5\text{-}8)$$

时延扩展的均方根为

$$\delta_\tau = \sqrt{\overline{\tau^2} - (\overline{\tau})^2} \qquad (5\text{-}9)$$

式（5-9）中，

$$\overline{\tau^2} = \frac{\sum_n p_n \tau_n^2}{\sum_n p_n} \qquad (5\text{-}10)$$

相干带宽为

$$B_{\mathrm{coh}} = 1/T_m \qquad (5\text{-}11)$$

对于系统带宽 B，当 $B < B_{\mathrm{coh}}$ 时，信道是频率非选择性的；当 $B > B_{\mathrm{coh}}$ 时，信道是频率选择性的。

下面再利用表 5-1 中的实测数据对水声多径信道进行仿真分析，以频率选择衰落的角度说明多径效应对水声通信系统的影响，仿真结果如图 5-3 和图 5-4 所示。由图 5-3 功率谱密度曲线可以发现，不同频率幅度响应最大差值非常大，表明水声信道的频率选择性衰落非常严重。图 5-4 的星座图则表明不同路径数下频率选择性衰落对系统误码率的影响。当信道路径数量较多时，频率选择性衰落表现明显，系统的星座图不易分辨，此时误码率较高，如图 5-4（a）所示。而当路径数量较少时，频率选择性衰落对系统的影响较小，系统的星座图非常清晰，此时系统具有

较好的误码率性能，如图 5-4（d）所示。

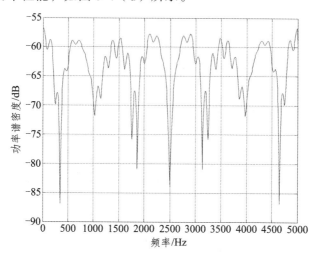

图 5-3　水声信道冲激响应的功率谱密度

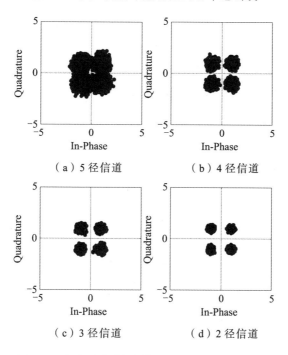

（a）5 径信道　　　　　（b）4 径信道

（c）3 径信道　　　　　（d）2 径信道

图 5-4　频率选择性衰落对系统误码率的影响

2. 不同声速梯度相干多径模型分析及仿真

通常，水声通信系统模型信道传输函数 $H(z)$ 可以描述为

$$H(z) = \sum_{i=0}^{N-1} A_i z^{\lfloor -\tau_i/T \rfloor} \qquad (5\text{-}12)$$

式（5-12）中，N 表示接收端可以利用的多径传播路径数目，A_i 表示第 i 条本征声线路径衰减后的幅度值，τ_i 表示第 i 条本征声线的相对时间延迟，T 表示采样间隔，运算符号是最大取整的数学表达。

在信道建模分析中，通常假定声速在水平方向上不变，根据深度将声速度水平分层化。在此基础上，可近似推导水声信号在信道中的声信号的能量分布、传播路线，减少建立水声信道模型的复杂度。由于海水中声速度梯度分布不同，因而多径相干模型也有所不同。当声速随着深度的增加而降低时，呈现负梯度；反之，称为正梯度分布。文献[17]根据梯度分布给出了三种典型海洋水声信道的传输函数，其假设条件是水声通信带宽为 5 kHz，采样频率为 10 kHz。

（1）负声速梯度相干多径模型。

负声速梯度（Negative Sound Velocity Gradient，NSVG）的信道传输函数为

$$H(z) = 1 + 0.263112z^{-7} + 0.121514z^{-39} + 0.391599z^{-67} \qquad (5\text{-}13)$$

NSVG 信道时域冲激响应、幅频响应和相频响应特性的仿真结果如图 5-5、图 5-6 所示。

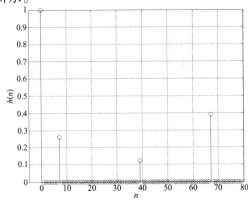

图 5-5 NSVG 信道的时域冲激响应

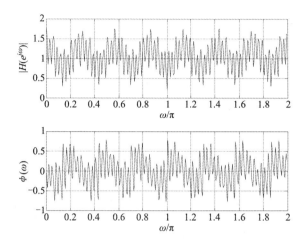

图 5-6　NSVG 信道的幅频响应和相频响应

（2）正声速梯度相干多径模型。

正声速梯度（Positive Sound Velocity Gradient，PSVG）信道传输函数：

$$H(z) = 0.734\,189 + z^{-13} - 0.406\,511z^{-14} - 0.295\,130z^{-55} \qquad (5\text{-}14)$$

PSVG 信道时域冲激响应、幅频响应和相频响应特性的仿真结果如图 5-7、图 5-8 所示。

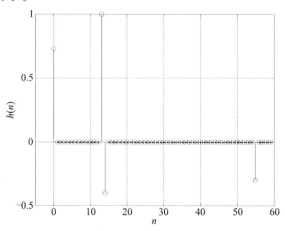

图 5-7　PSVG 信道的时域冲激响应

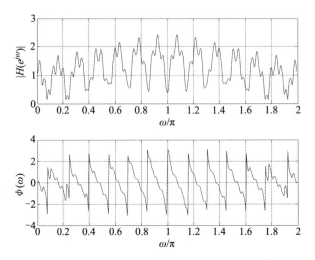

图 5-8　PSVG 信道的幅频响应和相频响应

（3）声速为常数的均匀介质相干多径模型。

声速为常数的均匀介质（Invariable Sound Velocity Gradient，ISVG）的信道传输函数：

$$H(z) = 1 + 0.599971z^{-20}\qquad\qquad(5\text{-}15)$$

ISVG 的信道时域冲激响应、幅频响应和相频响应特性的仿真结果如图 5-9、图 5-10 所示。

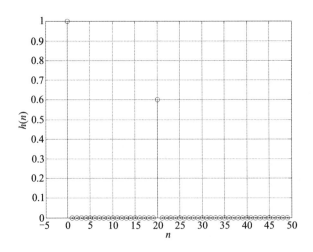

图 5-9　ISVG 信道的时域冲激响应

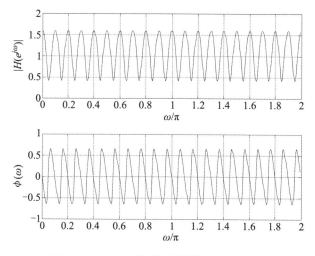

图 5-10 ISVG 信道的幅频和相频响应

从以上三种典型声速梯度分布的仿真结果可以看出，负声速梯度分布的情况对水声通信系统的影响最大。由于浅海中的声速分布呈负梯度规律，多径效应最为明显，幅频和相频失真较为严重。因而，图 5-5 和图 5-6 的仿真结果是与浅海水声通信实际情况相吻合的。图 5-7 和图 5-8 中的正声速梯度分布的仿真结果，基本反映了深海水声通信的情况：多径数量较少，时延较小，幅频和相频失真相对较小。而从图 5-9 和图 5-10 中的仿真结果可知，在声速为常数时，水声通信系统能够获得最好的性能。这种情况多径数量最少，时延最小，幅频和相频几乎无失真，仿真结果与声波在深海声道轴上传播的实际情况相符。

5.1.3 综合模型分析及仿真

如果综合考虑水声信道的衰减、多径传播、多普勒效应和噪声，则可以用式（5-16）表达水声信道的数学模型：

$$h(t) = \sum_{k=1}^{N} A_k(t) e^{j\beta_k(t)} \delta[t - \tau_k(t)] + n(t) \qquad (5\text{-}16)$$

式（5-16）中，N 表示多径数量，A 表示信号的幅度衰落，β 与多普勒频移有关，τ 为信号时延，n 为噪声。同时，A、β、τ 和 n 都是时间的函数。在上述模型中，可以近似认为每一条路径上的衰落都满足瑞利（Rayleigh）衰落。根据式（5-16），水声信道模型原理如图 5-11 所示。通常情况下，水声信道采用两种模型进行仿真：第一种是水声信道确定模型，在一帧时间内可以认为其幅度衰落和时延不变，近似适用于点对点的静止水声通信，主要应用于发射器、接收器相对固定的情况；第二种是水声信道时变模型，其时延扩展和幅度衰落均随时间快速变化，近似于发射器和接收器之间存在相对运动的情况。另外，上述综合模型在浅海和深海的实际应用也有所不同。

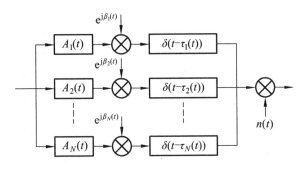

图 5-11   水声信道相干多径综合模型

下面主要在浅海和深海两种情况下对式（5-16）描述的综合模型进行仿真分析，仿真参数见表 5-2，仿真结果如图 5-12、图 5-13 所示。对于浅海信道，多径时延的典型值多为 100 ms，可近似认为任何两点之间都存在直达声、海面和海底反射声的声波传输情况；对于近距离传输，反射损失较小，多径扩展现象会很严重；而远距离传输时，由于能量损失大，所以应考虑以直达声为主；对于深海信道，根据传输距离与水深的比值可分为两种情况。当上述比值较小时，多径扩展则小得多；反之，多径扩展就会很严重。总之，对于式（5-16）所表述的水声信道模型，在应用过程中要综合考虑系统的实际情况。

表 5-2　水声信道冲激响应仿真参数

参　数	浅海水声信道	深海水声信道
模拟水深	50 m	2 km
声源垂直深度	10 m	1 km
多径数量	37	8
各径相对于主径最大衰减	78.88 dB	87.53 dB
带宽范围	5 kHz	
传输距离	10 km	
调制方式	QPSK	
最大多普勒频移	82 Hz	

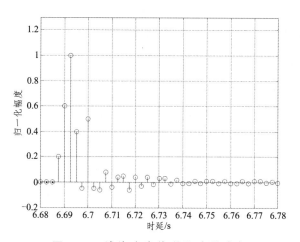

图 5-12　浅海水声信道的冲激响应

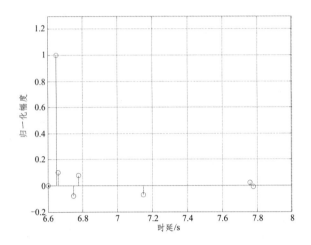

图 5-13　深海水声信道的冲激响应

1. 浅海水声信道

对浅海水声信道建立相干多径模型比较困难，因为浅海多径扩展比较严重，这种情况从图 5-12 的仿真结果中可以得到验证。多径模型可以是海面多次反射的多径信号，也可能是海中浮游生物反射后的多径信号，且浅海水温受季节、天气、时间影响比较大。另外，波浪起伏还可以改变浅海水声信道结构。

我国近海基本是浅海大陆架。声速剖面图随季节变化更大。一般在冬天是等温层，而到夏天会出现明显的负梯度或负跃层。大陆浅海海架在 200 m 以内。收发节点分别位于 10 m 和 20 m，水平相距 10 km，此时收发节点处于表面声道。由于海水静压力形成了一个正声速梯度层，传播特性良好，直达声幅度明显大于多径信号幅度，声速最高，10 m 到 20 m 的水层为均匀水层。如果收发节点分别位于 50 m 和 60 m，水平相距 10 km，此时收发节点间声道处于负梯度较大的温跃层，声速随深度增加而急剧减小，多径扩展比较严重且多径信号的幅度较大，会产生较为严重的码间干扰。均匀层的平均子通带带宽宽于负梯度子通带带宽[18]。

2. 深海水声信道

200 m 以内为浅海，超过 200 m 为深海。深海信道为一个梳状滤波器，其频率特性为相间出现"通带"和"阻带"，称为"子通带"和"子阻带"。每个"子通带"的平均宽度约为 1 Hz。在传播过程中，信号幅度发生能量衰减，信道传输函数的相频特性不是线性的，意味着信号波形在传播过程中发生畸变[19]。

在深海声道中，始于声源的一部分声线由于未经海面和海底反射，所以因此而引起的声能损失保留在声道内。深海声道轴处为会聚区，此处声速最小，折射效应决定了声线在传播过程中趋于弯向声速较小的水层，所以在声道会聚区信道冲激响应有效幅度较小，水声信号可以传播很远。不同海区在不同季节其声道轴深度不同。南海的海深超过 2 km，声道轴大约在 1 km 深。将收发节点均置于声道轴附近，由于水声信号在深海声道中传播损失小，大部分声能保留在声道内，可以传播很远。和浅海水声信道相比，深海水声信道中多径扩展导致的码间干扰较小，这种情况从图 5-13 的仿真结果中也可以得到验证。因此，远距离水声通信选择在深海水声信道，既可以隐蔽通信，又能保证可靠性。

3.仿真比较

为了比较深海和浅海信道冲激响应分别对水声通信系统的影响，下面将利用表 5-2 中的数据，结合式（5-16）的水声信道综合模型进行关于误码率性能的仿真分析。图 5-14 中的四条曲线分别表示不同海况下的误码率曲线，从中可以明显看出，深海水声通信系统的误码率性明显好于浅海水声通信系统。除此以外，不论对于深海还是浅海，多普勒频移的存在对系统误码率的影响也较大。综上仿真分析可知，上述水声信道的综合模型与实际水声通信环境相符合，能够在一定程度上对水声通信系统的相关问题进行定量分析。

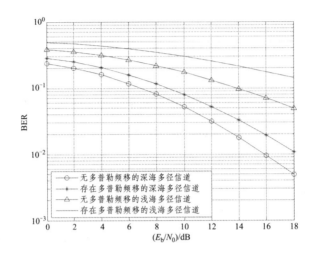

图 5-14 水声信道误码率性能

　　综上所述，由水声信道的时变、空变和频变特性所引起的信号畸变问题相当复杂，目前对水声信道人们还无法建立一种统一的、确定性的传播模型，而只能通过模拟研究或测量获得一些近似的统计模型。对这些模型进行仿真分析与研究是人们探求水声信道传播规律的重要手段。本节主要针对水声信道的多径传播特性，以一种相干多径的信道简化模型为研究内容，通过计算机仿真实验，在不同声速梯度海况下仿真分析多径效应对水声通信系统的影响，同时还仿真分析了多径效应与水声信道的衰减、多普勒效应和噪声等因素相结合时的信道模型。仿真结果表明，相干多径模型在一定程度上能正确合理地模拟水声信道的传播特性。

5.2 基于 Matlab 的时延差编码被动时反镜水声通信系统仿真实验设计[20]

5.2.1 引言

　　深海水声通信存在的最大的困难就是各种干扰，例如深海水声信道的多径时延可达到数秒量级，另外还有复杂的环境干扰，这些干扰因素极易引起声信号的传播失真，从而对深海水声通信产生不利影响[21]。为了在教学中使学生深入了解如何对抗深海水声通信最大的干扰——多径时延扩展，本实验设计首先应用了 Pattern 时延差编码(Pattern Time Delay Shift Coding，PDS)通信技术[22]，再把被动时间反转镜(Passive Time Reversal Mirror，PTRM)技术应用于 PDS 系统中[23]，上述两种技术的结合在对抗深海信道多径干扰上具有一定的优势，又把矢量信号处理技术[24]应用其中以提高系统的输入信噪比。

本设计针对深海通信，将 PTRM-PDS 通信系统[25]与矢量信号处理技术结合在一起进行教学实验设计，最后对水声通信 PTRM-PDS 系统的全过程进行 Matlab 仿真，结果表明，该系统能够在低信噪比和较强多径情况下进行高速率通信，有利于在教学时使学生加深对 PTRM-PDS 通信系统的理解。

5.2.2　系统结构与设计

1. PDS 通信原理与矢量信号处理

PDS 的基本原理如图 5-15 所示，在发送信息码元中，由不同起始位置的 Pattern 码元，携带有用信息[26]。图 5-15 中，$\Delta\tau = (T_0 - T_p)/(2^n - 1)$，表示编码量化单位，序号 $k = 0,1,\cdots,2^{n-1}, T_p$，表示 Pattern 码元长度，$T_0$ 表示所发送的总信息码元长度，n 表示一个信息码元所携带的比特位数。Pattern 时延差编码属于脉位调制，每个码元携带不同的信息，通过 $k\Delta\tau$ 的不同大小，即 Pattern 码的不同起始位置来实现。因为一个长为 T_0 的码元含有的信息为 n bit，所以 Pattern 时延差编码的通信速率 $R_b = n/T_0$ bit/s。

图 5-15　时延差编码原理

对声源方位进行估计，以及综合应用声压、振速矢量信号对抗深海信道干扰的理论基础，是与矢量水听器偶极子指向性相关的电子旋转技术。对于深海水声通信，远场声信号近似为平面波，矢量水听器接收机的输出振速和声压具有一致相关性，用 p 表示矢量水听器输出的声压，v_x、v_y 分别表示 x、y 方向上的分量振速，设 v_x 和 v_y 的组合信号为 v_c[27]，图 5-16 给出了矢量信号应用原理图。

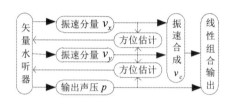

图 5-16 矢量信号应用原理

2. 加权直方图方位估计与 PTRM 技术

加权直方图方位估计是一种统计算法[28]，图 5-17 表示加权直方图方位估计的原理，它首先解析处理矢量水听器的输出声压、振速矢量信号，然后将声压与振速的两个分量分别做互谱计算，再进行加权直方图统计得到所有频点上的方位估计曲线，曲线的最大值即为方位估计结果。

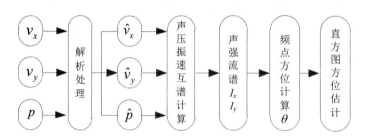

图 5-17 加权直方图方位估计原理

图 5-17 中，$\hat{p}$、$\hat{v}_x$ 和 $\hat{v}_y$ 分别表示解析处理后的声压和振速，I_x 和 I_y 将分别表示进行互谱运算后的声强谱，θ 表示方位角。

下面介绍被动时间反转镜（PTRM）技术，不同于时间反转镜(TRM)，

PTRM 阵元只带有接收功能[29]，PTRM 技术能够有效抑制码间干扰，可以用简单的算法在时域对信号进行处理，PTRM 的应用原理如图 5-18 所示。

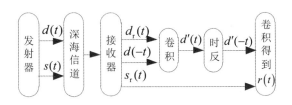

图 5-18　被动时间反转镜原理

图 5-18 中，发射器首先发射探测信号 $d(t)$，然后发射 $s(t)$，接收器将探测接收信号 $d_r(t)$ 与 $d(t)$ 的时间反转信号 $d(-t)$ 做积运算得到 $d'(t)$，$d'(t)$ 再经过时间反转得到 $d'(-t)$，最后将 $d'(-t)$ 与随后的接收信号 $s_r(t)$ 进行卷积运算得到最终接收信号 $r(t)$，至此接收器就完成了 PTRM 的运算处理过程。

3. 深海 PTRM-PDS 系统

将矢量信号处理、加权直方图方位估计和被动时间反转镜技术与 Pattern 时延差编码相结合，设计成 PTRM-PDS 通信系统，一般情况下将系统的总带宽分成若干个子带，从而构成较高通信速率的深海多信道 PTRM-PDS 通信系统[30]。下面先给出深海 PTRM-PDS 通信系统的结构原理图，如图 5-19 所示。

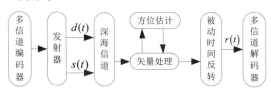

图 5-19　深海 PTRM-PDS 系统

整个系统首先将编码后的子信道信号叠加得到 $s(t)$，中间经历矢量运算及方位估计过程，最后经 PTRM 处理后得到 $r(t)$，$r(t)$ 的波形与 $s(t)$ 相近，最后将 $r(t)$ 通过信道解码器进行解码。

5.2.3 系统仿真分析

1. 深海信道模型及参数设置

本实验设计使用 206 拖曳线列阵声呐作用距离预报系统中的深海信道模型进行计算机仿真[31]，该系统利用射线声学理论建立深海多径信道模型[32]。两种典型的信道冲激响应如图 5-20 所示，其中图 5-20（a）表示水平距离 50 km，收、发节点均位于 1 km 水深的情况，这个位置恰好是深海声道轴，而图 5-20（b）则表示水平距离 30 km，收、发节点分别位于 150 m、1 km 水深，位于非声道轴处。

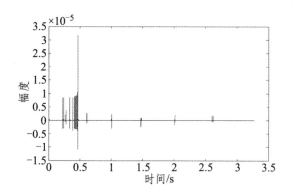

(a) 声道轴位置处信道冲激响应

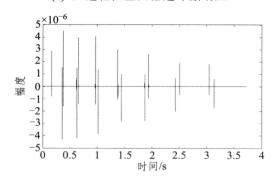

(b) 非声道轴位置处信道冲激响应

图 5-20 深海信道冲激响应

表 5-3 为深海 PTRM-PDS 通信系统的仿真参数设置。

表 5-3　深海 PTRM-PDS 系统仿真参数

子信道带宽	信道 1	信道 2	信道 3
	1~4 kHz	4.1~8 kHz	8.1~12 kHz
Pattern 码元	码元长度	编码时间	
	$T_p = 15$ ms	$T_c = 15$ms	
PDS 码元	码元长度	信息位数	
	$T_0 = 30$ ms	$n = 8$ bit	
采样速率	30 kHz		
通信速率	800 bit/s		
接收信噪比	12 dB		
目标方位角	$\theta = 50°$		

　　图 5-21 为深海 PTRM-PDS 通信系统的仿真流程图，系统仿真中的编解码均为三信道，系统噪声为高斯白噪声。

图 5-21　系统仿真流程

2. 仿真分析

　　在设定信道冲激响应模型及通信系统仿真参数之后，下面利用 Matlab 软件对系统进行仿真，并对结果进行分析，图 5-22 为三个信道编码器编码后的叠加码形。

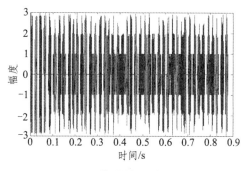

图 5-22　信道编码波形叠加

图 5-23 表示信号通过信道前后的波形比对情况。其中图 5-23(a)为附加了同步码的发射信号，然后加上一段时隙，其目的为了减缓深海多径信道对其后面信号的影响[33]。图 5-23(b)表示的是发射信号经过深海信道之后的情形,通过对比图 5-23(a)和图 5-23(b)，可以看出多径时延扩展增加了发射信号的长度，从而说明增加时隙非常重要，否则会产生码间干扰。

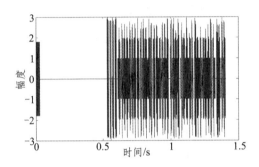

(a) 附加同步码的发射信号

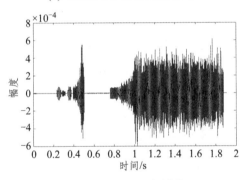

(b) 通过信道后的发射信号

图 5-23　信号通过信道前后波形比对

图 5-24 表示矢量处理信号波形，其中图 5-24(a)为矢量水听器接收到的声压信号，图 5-24(b)为 x 轴方向上的振速分量。从图中可知声压与振速波形相似。图 5-24(c)为 v_x 和 v_y 的合成信号 v_c。

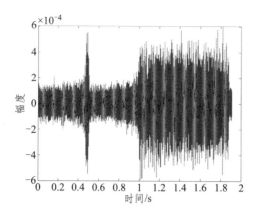

(a) 声压信号

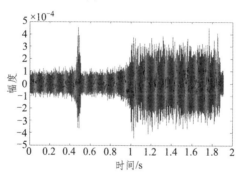

(b) 振速信号

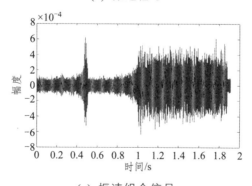

(c) 振速组合信号

图 5-24　矢量处理信号波形

图 5-25 显示的是方位估计结果，仿真设定目标方位角 θ 为 50º，而图

中在方位 48°位置上波形出现最大值，可知方位估计的误差约为 2°，由此可见，对于实际的 PTRM-PDS 通信系统来说，该估计方法具有较高的准确性。

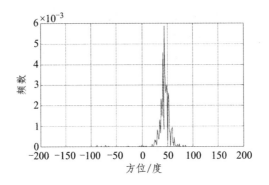

图 5-25　信号加权直方图方位估计

图 5-26（a）表示深海信道冲激响应估计[34]，由于被动时间反转镜技术的应用，使得信道的估计波形与原波形相近。图 5-26 (b)为幅度已经归一化的时反信道，可看出该时反信道具有近似为单位冲激响应的主峰。然后将矢量处理后的信号经过时反信道，最后得到 PTRM 输出信号 $r(t)$，如图 5-26 (c)所示。

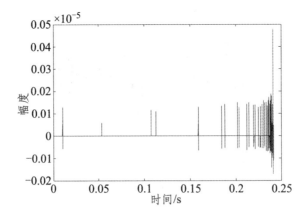

(a) 冲激响应估计

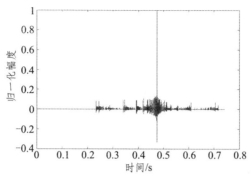

(b) 时反信道冲激响应

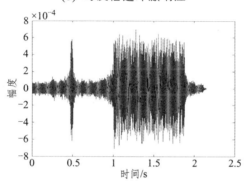

(c) 被动时间反转输出波形

图 5-26　PTRM 波形处理

被动时间反转过程的输出信号 $r(t)$ 经滤波之后，再将 $r(t)$ 进行解码，接下来进行重置相干解码[35]，如图 5-27 所示。

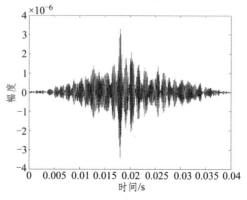

图 5-27　重置相干解码波形

　　图 5-27 表示的是重置相干解码的一个波形，根据图 5-27 中的最大幅值对应的时间可推测对应信息码的时延差，为作对比分析，将拷贝相关码作为参考信号，由图 5-28 可知，拷贝相关码信号的高幅值较多且相近，在这种情况下就很难对时延进行估计，因此相干重置对于解码具有非常重要的作用。

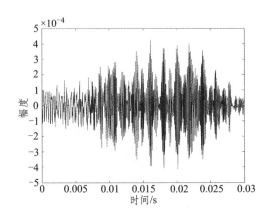

图 5-28　拷贝相关解码波形

3. 误码率分析

　　下面进行误码率（BER）分析，可以利用图 5-20 所示的(a)、(b)两种较为典型的深海信道，其中图 5-20 (a)为深海声道轴（1 km 水深）上的冲激响应，对于中远距离水下通信的应用有重要参考价值[36]，而图 5-20(b)表示的信道多径时延干扰较大。图 5-29 表示的是上述两种信道冲激响应下三个子信道的部分误码率，其中图 5-29(a)表示深海声道轴信道误码率，图 5-29(b)表示深海非声道轴信道误码率。系统参数设置如表 5-3 所述，通过在输入信噪比小于 12 dB 情况下 BER 的部分数据统计来分析系统的性能。

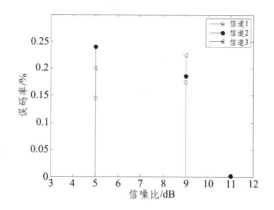

(a) 深海声道轴信道误码率

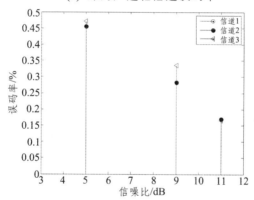

(b) 深海非声道轴信道误码率

图 5-29　深海 PTRM-PDS 通信系统误码率

　　由图 5-29 可以看出，如果输入的信噪比相同，图 5-20 中信道(a) 深海声道轴的 BER 要比信道(b)的 BER 低将近 50%，所以为了获得较低的误码率，在通信时可以把发射器和接收器放在声道轴上。

　　综上所述，本节结合矢量信号处理、方位估计等技术，综合构建设计了深海 PTRM-PDS 通信实验教学系统，最后利用 Matlab 仿真实验设计完成了上述通信系统及模型的验证。仿真结果可以使学生了解到，该系统在深海水声通信中具有比较理想的性能，利用深海声道轴声传播的特性，该系统可以实现距离较远的深海水声通信。另外，从研究性教学的角度，还可以启发学生，通过更多子信道可以大幅提高通信速率，增加Pattern 码元数量可以有效提高系统的抗多径能力。总之，设计的深海PTRM-PDS 通信系统 Matlab 仿真实验，可以在教学中使学生全面了解如何建立高效可靠的深海水声通信系统，通过这种教学方式有利于激发学生的科研意识，提高学生的科研能力，这是科学研究促进教学的一个典型范例。

参考文献

[1] 郭铁梁,张智勇,张琳.水声信道相干多径特性仿真研究[J].通信技术,2016,49(07):799-806.

[2] 朱永建,徐鹏飞.水声通信网的研究进展及其应用[J].通信技术,2012,45(06):36-38.

[3] Song H C, Hodgkiss W S, Kuperman W A, et al.Improvement of Time-reversal Communications Using Adaptive Channel Equalizers[J]. Ocea nic Engineering,2006,31(02):487-496.

[4] 朱埜.主动声纳检测信息原理[M].北京:海洋出版社,1990.

[5] 朱建军,李海森,魏玉阔,等.矩形孔径参量阵相控非线性声场建模与实验研究[J].振动与冲击,2015(12):23-28.

[6] 宋军.浅海远程声信道建模仿真与试验研究[D].北京:中国舰船研究院,2013.

[7] 魏小龙,徐浩军,李建海,等.高气压空气环状感性耦合等离子体实验研究和参数诊断[J].物理学报,2015(17):228-235.

[8] Kilfoyle D B,Baggeroer A B.The State of the Art in Underwater Acoustic Telemltry[J].IEEE Journal of Oceanic Eng,2000,25(01):4-27.

[9] Adam Zielinski,YoungHoon Yoon,WU Lixue.Performance Analysis of Digital Acoustic Communication in a Shallow Water Channel[J].IEEE Journal of oceamc Eng,1995,20(04):293-299.

[10] 刘友永.水声差分跳频通信关键技术研究[D].哈尔滨:哈尔滨工程大学,2009.

[11] Wang B,Zhi Z-F,Dai Y-W.Study on Non-uniform Doppler Estimation for Underwater Acoustic Mobile communications with multipath transmission[J].Dianzi Yu Xinxi Xuebao/Journal of Electronics and Information Technology,2015,37(03):733-738.

[12] 曹俊.水声扩频通信中的 RAKE 接收技术仿真研究[D].哈尔滨:哈尔滨工程大学,2012.

[13] 邓红超,巩玉振,蔡惠智.基于 MIMO-OFDM 的高速水声通信技术研究[J].通信技术,2009,42(11):37-39.

[14] 惠俊英,生雪莉.水下声信道[M].哈尔滨:哈尔滨工程大学出版社,2011.

[15] 邓红超,刘云涛,蔡惠智.瑞利分布时变水声信道仿真与实验[J].声学技术,2009,28(02):109-112.

[16] 乔钢,王巍,刘淞,等.改进的多输入多输出正交频分复用水声通信判决反馈信道估计算法[J].声学学报,2016(01):94-104.

[17] 林梅英.QC-LDPC 码在水声自适应信道编码中的性能研究[D].厦门:厦门大学,2014.

[18] 张旭,程琛,刘艳.中层冷水环境下的声场特性分析[J].海洋科学进展,2014(01):15-20.

[19] 毛科峰,陈希,李振锋,等.海水温盐垂直结构的声反射回波模型及应用[J].海洋学报,2014(11):57-63.

[20] 郭铁梁，赵旦峰. 基于 Matlab 的时延差编码被动时反镜水声通信系统仿真实验设计[J]. 实验室研究与探索,2022,41(08):148-153.

[21] 惠俊英,生雪莉.水下声信道[M].2 版.北京:国防工业出版社,2007.

[22] 赵安邦,解立坤,沈广楠,等.Pattern 时延差编码水声通信抗多普勒的差分解码研究[J].声学技术, 2009(04):459-462.

[23] 殷敬伟. 时反镜 Pattern 时延差编码水声通信技术研究[D].哈尔滨:哈尔滨工程大学,2006.

[24] 张小勇,张国军,尚珍珍,等.用于单矢量水听器方位估计的加权直方图法[J].水下无人系统学报,2021,29(02):164-169.

[25] 殷敬伟,惠俊英.基于 MSS-PDS 和单阵元 PTRM 信道均衡的深海远程水声通信方案[J].高技术通讯,2008,18(04):382-386.

[26] 赵安邦,陈凯,陈阳,等.动态自适应 Pattern 时延差编码水声通信[J].西安交通大学学报,2010,44(8):5.

[27] 惠娟,郭嘉宾,宋明翰,等.矢量水听器改进高分辨 Eigenspace 算法[J].哈尔滨工程大学学报,2020,41(10):1471-1476,1552.

[28] 马伯乐,程锦房.改进声矢量阵相干信号源方位估计算法[J].系统工程与电子技术,2016(3):519-524.

[29] 王彪,方涛,戴跃伟.时间反转滤波器组多载波水声通信方法[J].声学学报,2020,45(01):38-44.

[30] 殷敬伟,韦志恒,惠俊英,等.Pattern 时延差编码四信道水声通信技术研究[J].应用声学,2006, 025(003):180-186.

[31] 范敏毅. 水下声信道的仿真与应用研究[D]. 哈尔滨：哈尔滨工程大学, 2000.

[32] 尹艳玲,乔钢,刘凇佐,等.浅水时变多途信道特性分析与模型实验研究[J].声学学报,2019,44(01):98-107.

[33] 胡承昊,王海斌,台玉朋,等.水声通信信源信道联合均衡译码方法[J].哈尔滨工程大学学报,2020,41(10):1530-1535.

[34] 张锦灿,王志欣.高速 Pattern 时延差编码水声通信技术[J].无线电工

程,2019,049(009):779-782.

[35] 吴碧,王华奎,汪新.水下报文通信抗干扰方法[J].声学技术,2011(01):107-110.

[36] 刘超.菲律宾海域夏季水文特征及其水团分析[D].西安:西安电子科技大学,2020.

附录

附录 A　新工科建设指南（"北京指南"）

（来源：新华网　2017 年 6 月 13 日）

"大业欲成，人才为重"。新工业革命加速进行，新工科建设势在必行。以新技术、新产业、新业态和新模式为特征的新经济呼唤新工科建设，国家一系列重大战略深入实施呼唤新工科建设，产业转型升级和新旧动能转换呼唤新工科建设，提升国际竞争力和国家硬实力呼唤新工科建设。6 月 9 日，教育部在北京召开新工科研究与实践专家组成立暨第一次工作会议，全面启动、系统部署新工科建设。30 余位来自高校、企业和研究机构的专家深入研讨新工业革命带来的时代新机遇、聚焦国家新需求、谋划工程教育新发展，审议通过《新工科研究与实践项目指南》，提出新工科建设指导意见。

1. 明确目标要求

深入贯彻习近平总书记系列重要讲话精神和治国理政新理念新思想新战略，全面落实立德树人根本任务，面向产业界、面向世界、面向未来，以一流人才培养、一流本科教育、一流专业建设为目标，以加入《华盛顿协议》组织为契机，以实施"卓越工程师教育培养计划 2.0 版"为抓手，把握工科的新要求、加快建设发展新兴工科，持续深化工程教育改革，培养德学兼修、德才兼备的高素质工程人才，探索形成中国特色、世界水平的工程教育体系，加快从工程教育大国走向工程教育强国。

2. 更加注重理念引领

坚持立德树人、德学兼修，强化工科学生的家国情怀、国际视野、法治意识、生态意识和工程伦理意识等，着力培养"精益求精、追求卓越"的工匠精神。树立创新型工程教育理念，提升学生工程科技创新、创造能力；树立综合化工程教育理念，推进学科交叉培养；树立全周期工程教育理念，优化人才培养全过程、各环节，培养学生终身学习发展、适应时代要求的关键能力。全面落实"学生中心、成果导向、持续改进"的国际工程教育专业认证理念，面向全体学生，关注学习成效，建设质量文化，持续提升工程人才培养水平。

3. 更加注重结构优化

加强工程科技人才的需求调研，掌握产业发展最新的人才需求和未来发展方向，优化学科专业结构。一方面加快现有工科专业的改造升级，体现工程教育的新要求；另一方面主动布局新兴工科专业建设，积极设置前沿和紧缺学科专业，提前布局培养引领未来技术和产业发展的人才，争取由"跟跑者"向某些领域的"领跑者"转变，实现变轨超车。

4. 更加注重模式创新

完善多主体协同育人机制，突破社会参与人才培养的体制机制障碍，深入推进科教结合、产学融合、校企合作。建立多层次、多领域的校企联盟，深入推进产学研合作办学、合作育人、合作就业、合作发展，实现合作共赢。推动大学组织创新，探索建设一批与行业企业等共建共管的产业化学院，建设一批集教育、培训及研究于一体的区域共享型人才培养实践平台。探索多学科交叉融合的工程人才培养模式，建立跨学科交融的新型组织机构，开设跨学科课程，探索面向复杂工程问题的课程模式，组建跨学科教学团队、跨学科项目平台，推进跨学科合作学习。强化工程人才的创新创业能力培养，完善工科人才"创意-创新-创业"教育体系，以创新引领创业、创业带动就业，广泛搭建创业孵化基地、科技创业实习基地、创客空间等创新创业平台，提升工科学生的创新精神、创业意识和创新创业能力。探索个性化人才培养模式，鼓励学生在教师指导下，根据专业兴趣和职业规划，选择专业和课程，给学生个性化发展提供更加广阔的空间。探索工程教育信息化教学改革，推进信息技术与工程教育深度融合，创新"互联网+"环境下工程教育教学方法，提升工程教育效率，提高教学效果。扎根中国、放眼全球，推进工程教育国际化，围绕"一带一路"战略实施，构建沿线国家工科高校战略联盟，共同打造工程教育共同体，提升我国工程教育国际影响力和对国家战略的支撑能力。

5. 更加注重质量保障

加强工程人才培养质量标准体系建设，制定发布理工科专业类人才培养质量标准，作为专业设置、专业建设、教学质量评估的基本遵循。按照新工科建设要求，研制新兴工科专业质量标准，引导高校依据标准制定和优化人才培养方案。建立完善中国特色、国际实质等效的工程教育专业认证制度，把专业认证作为建设一流本科的重要抓手和基础性工程，用国际实质等效的标准引导专业教学，不断改进和提高专业人才培养质量。制订符合工程教育特点的师资评价标准与教师发展机制，探索与新工科相匹配的师资队伍建设路径，强化教师工程背景，对教师的产业经历提出明确要求并积极创造条件。推动高校形成内生的、有效的质量文化，强化生命线意识，将质量价值观落实到教育教学各环节，将质量要求内化为全校师生的共同价值追求和自觉行为。

6. 更加注重分类发展

促进高校在不同层次不同领域办出特色、办出水平，工科优势高校要对工程科技创新和产业创新发挥主体作用，综合性高校要对催生新技术和孕育新产业发挥引领作用，地方高校要对区域经济发展和产业转型升级发挥支撑作用。努力培养不同类型的卓越工程人才，全面提升工程教育质量。

7. 形成一批示范成果

各类高校要审时度势、超前预判、主动适应、积极应答，根据办学定位和优势特色，深入开展多样化探索实践，努力在以下若干方面大胆改革、先行先试，实现重点突破，形成一批能用管用好用的改革成果：

建设一批新型高水平理工科大学；

建设一批多主体共建共管的产业化学院；

建设一批产业急需的新兴工科专业；

建设一批体现产业和技术最新发展的新课程；

建设一批集教育、培训、研发于一体的实践平台；

培养一批工程实践能力强的高水平专业教师；

建设一批跨学科的新技术研发平台；

建设一批直接面向当地产业的技术创新服务平台；

形成一批可推广的新工科建设改革成果。

复旦共识、天大行动和北京指南，构成了新工科建设的"三部曲"，奏响了人才培养主旋律，开拓了工程教育改革新路径。使命重在担当，实干铸就辉煌。我们将深入系统地开展新工科研究和实践，从理论上创新、从政策上完善、在实践中推进和落实，一步步将建设工程教育强国的蓝图变成现实，建立中国模式、制定中国标准、形成中国品牌，打造世界工程创新中心和人才高地，为实现"两个一百年"奋斗目标和中华民族伟大复兴的中国梦做出积极贡献！

"新工科"研究与实践项目指南简介

《新工科研究与实践项目指南》分为五部分24个选题方向。

一、新理念选题

结合工程教育发展的历史与现实、国内外工程教育改革的经验和教训，分析研究新工科的内涵、特征、规律和发展趋势等，提出工程教育改革创新的理念和思路。包括：

1. 新工科建设的若干基本问题研究

2. 新经济对工科人才需求的调研分析

3. 国际工程教育改革经验的比较与借鉴

4. 我国工程教育改革的历程与经验分析

二、新结构选题

面向产业、面向世界、面向未来，对传统工科专业进行改造升级，开展新兴工科专业建设的研究与探索等，推动学科专业结构改革与组织模式变革。包括：

5. 面向新经济的工科专业改造升级路径探索与实践

6. 多学科交叉复合的新兴工科专业建设探索与实践

7. 理科衍生的新兴工科专业建设探索与实践

8. 工科专业设置及动态调整机制研究与实践

三、新模式选题

在总结卓越工程师教育培养计划、CDIO 等工程教育人才培养模式改革经验的基础上，深化产教融合、校企合作的人才培养模式改革、体制机制改革和大学组织模式创新。包括：

9. 新工科多方协同育人模式改革与实践

10. 多学科交叉融合的工程人才培养模式探索与实践

11. 新工科人才的创新创业能力培养探索

12. 新工科个性化人才培养模式探索与实践

13. 新工科高层次人才培养模式探索与实践

四、新质量选题

在完善中国特色、国际实质等效的工程教育专业认证制度的基础上，研究制订新工科专业人才培养质量标准、教师评价标准和专业评估体系，开展多维度的质量评价等。包括：

14. 新兴工科专业人才培养质量标准研制

15. 新工科基础课程体系（或通识教育课程体系）构建

16. 面向新工科的工程实践教育体系与实践平台构建

17. 面向新工科建设的教师发展与评价激励机制探索

18. 新型工程教育信息化的探索与实践

19. 新工科专业评价制度研究和探索

五、新体系选题

分析研究高校分类发展、工程人才分类培养的体系结构，提出推进工程教育办出特色和水平的宏观政策、组织体系和运行机制等。包括：

20. 工科优势高校新工科建设进展和效果研究

21. 综合性高校新工科建设进展和效果研究

22. 地方高校新工科建设进展和效果研究

23. 工科专业类教学指导委员会分类推进新工科建设的研究与实践

24. 面向"一带一路"的工程教育国际化研究与实践

附录 B "新工科"建设行动路线("天大行动")

（来源：教育部高教司 2017 年 4 月 8 日）

工程改变世界，行动创造未来，改革呼唤创新，新工科建设在行动。当前世界范围内新一轮科技革命和产业变革加速进行，我国经济发展进入新常态、高等教育步入新阶段。2017 年 4 月 8 日，教育部在天津大学召开新工科建设研讨会，60 余所高校共商新工科建设的愿景与行动。与会代表一致认为，培养造就一大批多样化、创新型卓越工程科技人才，为我国产业发展和国际竞争提供智力和人才支撑，既是当务之急，也是长远之策。

我们的目标是：到 2020 年，探索形成新工科建设模式，主动适应新技术、新产业、新经济发展；到 2030 年，形成中国特色、世界一流工程教育体系，有力支撑国家创新发展；到 2050 年，形成领跑全球工程教育的中国模式，建成工程教育强国，成为世界工程创新中心和人才高地，为实现中华民族伟大复兴的中国梦奠定坚实基础。为此目标，我们致力于以下行动：

1. 探索建立工科发展新范式

根据世界高等教育与历次产业革命互动的规律，面向未来技术和产业发展的新趋势和新要求，在总结技术范式、科学范式、工程范式经验的基础上，探索建立新工科范式。以应对变化、塑造未来为指引，以继承与创新、交叉与融合、协同与共享为主要途径，深入开展新工科研究与实践，推动思想创新、机制创新、模式创新，实现从学科导向转向以产业需求为导向，从专业分割转向跨界交叉融合，从适应服务转向支撑引领。

2. 问产业需求建专业，构建工科专业新结构

加强产业发展对工程科技人才需求的调研，做好增量优化、存量调整，主动谋划新兴工科专业建设，到 2020 年直接面向新经济的新兴工科专业比例达到 50%以上。大力发展大数据、云计算、物联网应用、人工智能、虚拟现实、基因工程、核技术等新技术和智能制造、集成电路、空天海洋、生物医药、新材料等新产业相关的新兴工科专业和特色专业集群。更新改造传统学科专业，服务地矿、钢铁、石化、机械、轻工、纺织等产业转型升级、向价值链中高端发展。推动现有工科交叉复合、工科与其他学科交叉融合、应用理科向工科延伸，孕育形成新兴交叉学科专业。

3. 问技术发展改内容，更新工程人才知识体系

将产业和技术的最新发展、行业对人才培养的最新要求引入教学过程，更新教学内容和课程体系，建成满足行业发展需要的课程和教材资源，打通"最后一学里"。推动教师将研究成果及时转化为教学内容，向学生介绍学科研究新进展、实践发展新经验，积极探索综合性课程、问题导向课程、交叉学科研讨课程，提高课程兴趣度、学业挑战度。促进学生的全面发展，把握新工科人才的核心素养，强化工科学生的家国情怀、全球视野、法治意识和生态意识，培养设计思维、工程思维、批判性思维和数字化思维，提升创新创业、跨学科交叉融合、自主终身学习、沟通协商能力和工程领导力。

4. 问学生志趣变方法，创新工程教育方式与手段

落实以学生为中心的理念，加大学生选择空间，方便学生跨专业跨校学习，增强师生互动，改革教学方法和考核方式，形成以学习者为中心的工程教育模式。推进信息技术和教育教学深度融合，建设和推广应用在线开放课程，充分利用虚拟仿真等技术创新工程实践教学方式。完

善新工科人才"创意-创新-创业"教育体系,广泛搭建创新创业实践平台,努力实现 50%以上工科专业学生参加"大学生创新创业训练计划"、参与一项创新创业赛事活动,建设创业孵化基地和专业化创客空间,推动产学研用紧密结合和科技成果转化应用。

5. 问学校主体推改革,探索新工科自主发展、自我激励机制

充分发挥办学自主权和基层首创精神,增强责任感和使命感,改变"争帽子、分资源"的被动状态,只争朝夕,撸起袖子加油干。利用好"新工科"这块试验田,推进高校综合改革,建立符合工程教育特点的人事考核评聘制度和内部激励机制,探索高校教师与行业人才双向交流的机制。工科优势高校、综合性高校、地方高校要根据自身特点,积极凝聚校内外共识,主动作为、开拓创新,开展多样化探索。

6. 问内外资源创条件,打造工程教育开放融合新生态

优化校内协同育人组织模式,通过建立跨学科交融的新型机构、产业化学院等方式,突破体制机制瓶颈,为跨院系、跨学科、跨专业交叉培养新工科人才提供组织保障。汇聚行业部门、科研院所、企业优势资源,完善科教结合、产学融合、校企合作的协同育人模式,建设教育、培训、研发一体的共享型协同育人实践平台。推广实施产学合作协同育人项目,以产业和技术发展的最新成果推动工程教育改革,到 2020 年,争取每年由企业资助的产学合作协同育人项目达到 3 万项,参与师生超过 10 万人。

7. 问国际前沿立标准,增强工程教育国际竞争力

立足国际工程教育改革发展前沿,研判发达国家工程教育新趋势、新策略,以面向未来和领跑世界为目标追求,提出新工科人才培养的质量标准。深化工程教育国际交流与合作,既培养一批认同中国文化、熟

悉中国标准的工科留学生，又鼓励具备条件的高校"走出去"，面向"一带一路"沿线国家培养工程科技人才、工程管理人才和工程教育师资。完善中国特色、国际实质等效的工程教育专业认证制度，将中国理念、中国标准转化为国际理念、国际标准，扩大我国工程教育的国际影响力，实现从"跟跑并跑"到"并跑领跑"。

新工科建设是一个长期探索和实践的过程，我们将立足当前、面向未来，因时而动、返本开新，以动态的、发展的思维深入探索，以"踏石留印、抓铁有痕"的精神扎实推进。我们将以天大的魄力、天下的情怀砥砺前行，增强服务国家战略和区域发展的责任担当，增强工程教育改革发展的自信，汇聚起建设工程教育强国的磅礴力量。

附录 C "新工科"建设复旦共识

（来源：教育部高教司 2017 年 2 月 23 日）

高等教育发展水平是一个国家发展水平和发展潜力的重要标志。习近平总书记指出，"我们对高等教育的需要比以往任何时候都更加迫切，对科学知识和卓越人才的渴求比以往任何时候都更加强烈"。当前世界范围内新一轮科技革命和产业变革加速进行，综合国力竞争愈加激烈。工程教育与产业发展紧密联系、相互支撑。为推动工程教育改革创新，2017 年 2 月 18 日，教育部在复旦大学召开了高等工程教育发展战略研讨会，与会高校对新时期工程人才培养进行了热烈讨论，共同探讨了新工科的内涵特征、新工科建设与发展的路径选择，并达成了如下共识：

1. 我国高等工程教育改革发展已经站在新的历史起点

国家正在实施创新驱动发展、"中国制造 2025""互联网+""网络强国""一带一路"等重大战略，为响应国家战略需求，支撑服务以新技术、新业态、新产业、新模式为特点的新经济蓬勃发展，突破核心关键技术，构筑先发优势，在未来全球创新生态系统中占据战略制高点，迫切需要培养大批新兴工程科技人才。我国已经建成世界最大规模的高等工程教育，工程教育专业认证体系实现国际实质等效，国家统筹推进世界一流大学和一流学科建设，为加快建设和发展新工科奠定了良好基础。

2. 世界高等工程教育面临新机遇、新挑战

第四次工业革命正以指数级速度展开，我们必须在创新中寻找出路。发达国家的历史经验证明，主动调整高等教育结构、发展新兴前沿学科专业，是推动国家和区域人力资本结构转变、实现从传统经济向新经济转变的核心要素。为应对金融危机挑战、重振实体经济，主要发达国家

都发布了工程教育改革前瞻性战略报告，积极推动工程教育改革创新。我国高等工程教育要乘势而为、迎难而上，抓住新技术创新和新产业发展的机遇，在世界新一轮工程教育改革中发挥全球影响力。

3. 我国高校要加快建设和发展新工科

一方面主动设置和发展一批新兴工科专业，另一方面推动现有工科专业的改革创新。新工科建设和发展以新经济、新产业为背景，需要树立创新型、综合化、全周期工程教育"新理念"，构建新兴工科和传统工科相结合的学科专业"新结构"，探索实施工程教育人才培养的"新模式"，打造具有国际竞争力的工程教育"新质量"，建立完善中国特色工程教育的"新体系"，实现我国从工程教育大国走向工程教育强国。

4. 工科优势高校要对工程科技创新和产业创新发挥主体作用

总结继承工程教育改革发展的成功经验，深化工程人才培养改革，发挥自身与行业产业紧密联系的优势，面向当前和未来产业发展急需，主动优化学科专业布局，促进现有工科的交叉复合、工科与其他学科的交叉融合，积极发展新兴工科，拓展工科专业的内涵和建设重点，构建创新价值链，打造工程学科专业的升级版，大力培养工程科技创新和产业创新人才，服务产业转型升级。

5. 综合性高校要对催生新技术和孕育新产业发挥引领作用

发挥学科综合优势，主动作为，以引领未来新技术和新产业发展为目标，推动应用理科向工科延伸，推动学科交叉融合和跨界整合，产生新的技术，培育新的工科领域，促进科学教育、人文教育、工程教育的有机融合，培养科学基础厚、工程能力强、综合素质高的人才，掌握我国未来技术和产业发展主动权。

6. 地方高校要对区域经济发展和产业转型升级发挥支撑作用

主动对接地方经济社会发展需要和企业技术创新要求，把握行业人才需求方向，充分利用地方资源，发挥自身优势，凝练办学特色，深化产教融合、校企合作、协同育人，增强学生的就业创业能力，培养大批具有较强行业背景知识、工程实践能力、胜任行业发展需求的应用型和技术技能型人才。

7. 新工科建设需要政府部门大力支持

教育部、有关行业主管部门和各级政府应对新工科建设进行重点支持，推动体制机制改革，加强政策协同、形成合力，在优化相关领域专业结构、改革培养机制、强化实习实训、加强师资队伍建设等方面出台更多的支持措施，为新工科人才培养提供良好的政策环境。

8. 新工科建设需要社会力量积极参与

打造共商、共建、共享的工程教育责任共同体，深入推进产学合作、产教融合、科教协同，通过校企联合制定培养目标和培养方案、共同建设课程与开发教程、共建实验室和实训实习基地、合作培养培训师资、合作开展研究等，鼓励行业企业参与到教育教学各个环节中，促进人才培养与产业需求紧密结合。

9. 新工科建设需要借鉴国际经验、加强国际合作

扎根中国、放眼全球、办出特色，借鉴国际先进理念和标准，明确新工科教育未来发展的重点和方向，分析新工科人才应具备的素质，构建新工科人才能力体系，培养具有国际视野的创新型工程技术人才。加强国际交流与合作，将"中国理念""中国标准"注入"国际理念""国

际标准"，扩大我国在世界高等工程教育中的话语权和决策权。

10. 新工科建设需要加强研究和实践

我们将共同启动"新工科研究与实践"项目，围绕工程教育的新理念、学科专业的新结构、人才培养的新模式、教育教学的新质量、分类发展的新体系等内容开展研究和实践。我们将携手更多高校共同探索新工科的内核要点和外延重点，充分发挥基层首创精神，边研究、边实践、边丰富、边完善。我们将以更宽的视野、更大的勇气、更高的智慧、更强的担当来推进新工科建设，推动形成广泛共识，凝聚各方合力，为建设工程教育强国做出积极贡献。

附录 D　工程教育认证标准

说明

1. 本标准适用于普通高等学校本科工程教育认证。

2. 本标准由通用标准和专业补充标准组成。

3. 申请认证的专业应当提供足够的证据，证明该专业符合本标准要求。

4. 本标准在使用到以下术语时，其基本涵义是：

（1）培养目标：培养目标是对该专业毕业生在毕业后 5 年左右能够达到的职业和专业成就的总体描述。

（2）毕业要求：毕业要求是对学生毕业时应该掌握的知识和能力的具体描述，包括学生通过本专业学习所掌握的知识、技能和素养。

（3）评估：指确定、收集和准备各类文件、数据和证据材料的工作，以便对课程教学、学生培养、毕业要求、培养目标等进行评价。有效的评估需要恰当使用直接的、间接的、量化的、非量化的手段，评估过程可以采用合理的抽样方法。

（4）评价：评价是对评估过程中所收集到的资料和证据进行解释的过程，评价结果是提出相应改进措施的依据。

（5）机制：指针对特定目的而制定的一套规范的处理流程，包括目的、相关规定、责任人员、方法和流程等，对流程涉及的相关人员的角色和责任有明确的定义。

5. 本标准中所提到的"复杂工程问题"必须具备下述特征（1），同时具备下述特征（2）~（7）的部分或全部：

（1）必须运用深入的工程原理，经过分析才可能得到解决；

（2）涉及多方面的技术、工程和其他因素，并可能相互有一定冲突；

（3）需要通过建立合适的抽象模型才能解决，在建模过程中需要体现出创造性；

（4）不是仅靠常用方法就可以完全解决的；

（5）问题中涉及的因素可能没有完全包含在专业工程实践的标准和规范中；

（6）问题相关各方利益不完全一致；

（7）具有较高的综合性，包含多个相互关联的子问题。

通用标准

1 学生

1.1 具有吸引优秀生源的制度和措施。

1.2 具有完善的学生学习指导、职业规划、就业指导、心理辅导等方面的措施并能够很好地执行落实。

1.3 对学生在整个学习过程中的表现进行跟踪与评估，并通过形成性评价保证学生毕业时达到毕业要求。

1.4 有明确的规定和相应认定过程，认可转专业、转学学生的原有学分。

2 培养目标

2.1 有公开的、符合学校定位的、适应社会经济发展需要的培养目标。

2.2 定期评价培养目标的合理性并根据评价结果对培养目标进行修订，评价与修订过程有行业或企业专家参与。

3 毕业要求

专业必须有明确、公开、可衡量的毕业要求，毕业要求应能支撑培养目标的达成。专业制定的毕业要求应完全覆盖以下内容：

3.1 工程知识：能够将数学、自然科学、工程基础和专业知识用于解决复杂工程问题。

3.2 问题分析：能够应用数学、自然科学和工程科学的基本原理，识别、表达，并通过文献研究分析复杂工程问题，以获得有效结论。

3.3 设计/开发解决方案：能够设计针对复杂工程问题的解决方案，设计满足特定需求的系统、单元（部件）或工艺流程，并能够在设计环节中体现创新意识，考虑社会、健康、安全、法律、文化以及环境等因素。

3.4 研究：能够基于科学原理并采用科学方法对复杂工程问题进行研究，包括设计实验、分析与解释数据、并通过信息综合得到合理有效的结论。

3.5 使用现代工具：能够针对复杂工程问题，开发、选择与使用恰当的技术、资源、现代工程工具和信息技术工具，包括对复杂工程问题的预测与模拟，并能够理解其局限性。

3.6 工程与社会：能够基于工程相关背景知识进行合理分析，评价专业工程实践和复杂工程问题解决方案对社会、健康、安全、法律以及文化的影响，并理解应承担的责任。

3.7 环境和可持续发展：能够理解和评价针对复杂工程问题的工程实践对环境、社会可持续发展的影响。

3.8 职业规范：具有人文社会科学素养、社会责任感，能够在工程实践中理解并遵守工程职业道德和规范，履行责任。

3.9 个人和团队：能够在多学科背景下的团队中承担个体、团队成员以及负责人的角色。

3.10 沟通：能够就复杂工程问题与业界同行及社会公众进行有效沟通和交流，包括撰写报告和设计文稿、陈述发言、清晰表达或回应指令。并具备一定的国际视野，能够在跨文化背景下进行沟通和交流。

3.11 项目管理：理解并掌握工程管理原理与经济决策方法，并能在多学科环境中应用。

3.12 终身学习：具有自主学习和终身学习的意识，有不断学习和适应发展的能力。

4 持续改进

4.1 建立教学过程质量监控机制，各主要教学环节有明确的质量要求，定期开展课程体系设置和课程质量评价。建立毕业要求达成情况评价机制，定期开展毕业要求达成情况评价。

4.2 建立毕业生跟踪反馈机制以及有高等教育系统以外有关各方参与的社会评价机制，对培养目标的达成情况进行定期分析。

4.3. 能证明评价的结果被用于专业的持续改进。

5 课程体系

课程设置能支持毕业要求的达成，课程体系设计有企业或行业专家参与。课程体系必须包括：

5.1 与本专业毕业要求相适应的数学与自然科学类课程（至少占总学分的 15%）。

5.2 符合本专业毕业要求的工程基础类课程、专业基础类课程与专业类课程（至少占总学分的 30%）。工程基础类课程和专业基础类课程能体现数学和自然科学在本专业应用能力的培养，专业类课程能体现系统设计和实现能力的培养。

5.3 工程实践与毕业设计（论文）（至少占总学分的 20%）。设置完善的实践教学体系，并与企业合作，开展实习、实训，培养学生的实践能力和创新能力。毕业设计（论文）选题要结合本专业的工程实际问题，培养学生的工程意识、协作精神以及综合应用所学知识解决实际问题的能力。对毕业设计（论文）的指导和考核有企业或行业专家参与。

5.4 人文社会科学类通识教育课程（至少占总学分的 15%），使学生在从事工程设计时能够考虑经济、环境、法律、伦理等各种制约因素。

6 师资队伍

6.1 教师数量能满足教学需要，结构合理，并有企业或行业专家作为兼职教师。

6.2 教师具有足够的教学能力、专业水平、工程经验、沟通能力、职业发展能力，并且能够开展工程实践问题研究，参与学术交流。教师的工程背景应能满足专业教学的需要。

6.3 教师有足够时间和精力投入到本科教学和学生指导中，并积极参与教学研究与改革。

6.4 教师为学生提供指导、咨询、服务，并对学生职业生涯规划、职业从业教育有足够的指导。

6.5 教师明确他们在教学质量提升过程中的责任，不断改进工作。

7 支持条件

7.1 教室、实验室及设备在数量和功能上满足教学需要。有良好的管理、维护和更新机制，使得学生能够方便地使用。与企业合作共建实习和实训基地，在教学过程中为学生提供参与工程实践的平台。

7.2 计算机、网络以及图书资料资源能够满足学生的学习以及教师的日常教学和科研所需。资源管理规范、共享程度高。

7.3 教学经费有保证，总量能满足教学需要。

7.4 学校能够有效地支持教师队伍建设，吸引与稳定合格的教师，并支持教师本身的专业发展，包括对青年教师的指导和培养。

7.5 学校能够提供达成毕业要求所必需的基础设施，包括为学生的实践活动、创新活动提供有效支持。

7.6 学校的教学管理与服务规范，能有效地支持专业毕业要求的达成。

附录 E 工程教育认证标准之电子信息与电气工程类专业

本补充标准适用于电气工程及其自动化、自动化、电子信息工程、通信工程、信息工程、电子科学与技术、微电子科学与工程、光电信息科学与工程等专业。

1. 课程体系

1.1 课程设置

课程由学校根据培养目标与办学特色自主设置。本专业补充标准只对数学与自然科学、工程基础、专业基础、专业四类课程提出基本要求。

1.1.1 数学与自然科学知识领域

（1）数学：微积分、常微分方程、级数、线性代数、复变函数、概率论与数理统计等知识领域的基本内容。

（2）物理：牛顿力学、热学、电磁学、光学、近代物理等知识领域的基本内容。

1.1.2 工程基础知识领域

各专业根据自身特点，在工程图学基础、电路、电子线路/电子技术基础、电磁场/电磁场与电磁波、计算机技术基础、信号与系统分析、系统建模与仿真技术、控制工程基础等知识领域中，至少包括 5 个知识领域的核心内容。

1.1.3 专业基础知识领域

电气工程及其自动化专业：包括电机学、电力电子技术、电力系统基础等知识领域的核心内容。

自动化专业：在现代控制工程基础、运筹学/最优化方法、信号获取与处理技术基础、电力电子技术、过程控制/运动控制、计算机控制系统、模式识别等知识领域中，至少包括 4 个知识领域的核心内容。

电子信息工程专业、通信工程专业、信息工程专业：在数字信号处理、通信技术基础、通信电路与系统、信号与信息处理、信息理论基础、信息网络、信息获取与检测技术等知识领域中，至少包括 4 个知识领域的核心内容。

电子科学与技术专业、微电子科学与工程专业：在固体物理与半导体物理、微电子器件与技术基础、集成电路原理与设计、电子设计自动化、光电子器件与技术基础、微波与光导波技术、激光原理、电子材料与元器件等知识领域中，至少包括 3 个知识领域的核心内容。

光电信息科学与工程专业：包括物理光学、应用光学、光电子技术基础、光电检测技术等知识领域的核心内容。

1.1.4 专业知识领域

根据专业特点自定。

1.2 实践环节

具有面向工程需要的完备的实践教学体系，包括：金工实习、电子工艺实习、各类课程设计与综合实验、工程认识实习、专业实习（实践）等。

2. 师资队伍

2.1 专业背景

（1）大部分从事本专业教学工作的教师，其学士、硕士或博士学位之一应属于电子信息与电气工程类专业。

（2）绝大部分从事本专业教学工作的教师须具有硕士及以上学位。

2.2 工程背景

具有企业或相关工程实践经验的教师应占总数 20% 以上。

3. 支持条件

在实验条件方面具有物理实验室、电工电子实验室、电子信息与电气工程类专业基础与各专业实验室，实验设备完好、充足，能满足各类课程教学实验和实践的需求。

附录 F 高等学校课程思政建设指导纲要

（教高〔2020〕3 号）

为深入贯彻落实习近平总书记关于教育的重要论述和全国教育大会精神，贯彻落实中共中央办公厅、国务院办公厅《关于深化新时代学校思想政治理论课改革创新的若干意见》，把思想政治教育贯穿人才培养体系，全面推进高校课程思政建设，发挥好每门课程的育人作用，提高高校人才培养质量，特制定本纲要。

一、全面推进课程思政建设是落实立德树人根本任务的战略举措

培养什么人、怎样培养人、为谁培养人是教育的根本问题，立德树人成效是检验高校一切工作的根本标准。落实立德树人根本任务，必须将价值塑造、知识传授和能力培养三者融为一体、不可割裂。全面推进课程思政建设，就是要寓价值观引导于知识传授和能力培养之中，帮助学生塑造正确的世界观、人生观、价值观，这是人才培养的应有之义，更是必备内容。这一战略举措，影响甚至决定着接班人问题，影响甚至决定着国家长治久安，影响甚至决定着民族复兴和国家崛起。要紧紧抓住教师队伍"主力军"、课程建设"主战场"、课堂教学"主渠道"，让所有高校、所有教师、所有课程都承担好育人责任，守好一段渠、种好责任田，使各类课程与思政课程同向同行，将显性教育和隐性教育相统一，形成协同效应，构建全员全程全方位育人大格局。

二、课程思政建设是全面提高人才培养质量的重要任务

高等学校人才培养是育人和育才相统一的过程。建设高水平人才培养体系，必须将思想政治工作体系贯通其中，必须抓好课程思政建设，解决好专业教育和思政教育"两张皮"问题。要牢固确立人才培养的中心地位，围绕构建高水平人才培养体系，不断完善课程思政工作体系、教学体系和内容体系。高校主要负责同志要直接抓人才培养工作，统筹

做好各学科专业、各类课程的课程思政建设。要紧紧围绕国家和区域发展需求，结合学校发展定位和人才培养目标，构建全面覆盖、类型丰富、层次递进、相互支撑的课程思政体系。要切实把教育教学作为最基础最根本的工作，深入挖掘各类课程和教学方式中蕴含的思想政治教育资源，让学生通过学习，掌握事物发展规律，通晓天下道理，丰富学识，增长见识，塑造品格，努力成为德智体美劳全面发展的社会主义建设者和接班人。

三、明确课程思政建设目标要求和内容重点

课程思政建设工作要围绕全面提高人才培养能力这个核心点，在全国所有高校、所有学科专业全面推进，促使课程思政的理念形成广泛共识，广大教师开展课程思政建设的意识和能力全面提升，协同推进课程思政建设的体制机制基本健全，高校立德树人成效进一步提高。

课程思政建设内容要紧紧围绕坚定学生理想信念，以爱党、爱国、爱社会主义、爱人民、爱集体为主线，围绕政治认同、家国情怀、文化素养、宪法法治意识、道德修养等重点优化课程思政内容供给，系统进行中国特色社会主义和中国梦教育、社会主义核心价值观教育、法治教育、劳动教育、心理健康教育、中华优秀传统文化教育。

——推进习近平新时代中国特色社会主义思想进教材进课堂进头脑。坚持不懈用习近平新时代中国特色社会主义思想铸魂育人，引导学生了解世情国情党情民情，增强对党的创新理论的政治认同、思想认同、情感认同，坚定中国特色社会主义道路自信、理论自信、制度自信、文化自信。

——培育和践行社会主义核心价值观。教育引导学生把国家、社会、公民的价值要求融为一体，提高个人的爱国、敬业、诚信、友善修养，自觉把小我融入大我，不断追求国家的富强、民主、文明、和谐和社会的自由、平等、公正、法治，将社会主义核心价值观内化为精神追求、外化为自觉行动。

——加强中华优秀传统文化教育。大力弘扬以爱国主义为核心的民族精神和以改革创新为核心的时代精神，教育引导学生深刻理解中华优秀传统文化中讲仁爱、重民本、守诚信、崇正义、尚和合、求大同的思想精华和时代价值，教育引导学生传承中华文脉，富有中国心、饱含中国情、充满中国味。

——深入开展宪法法治教育。教育引导学生学思践悟习近平全面依法治国新理念新思想新战略，牢固树立法治观念，坚定走中国特色社会主义法治道路的理想和信念，深化对法治理念、法治原则、重要法律概念的认知，提高运用法治思维和法治方式维护自身权利、参与社会公共事务、化解矛盾纠纷的意识和能力。

——深化职业理想和职业道德教育。教育引导学生深刻理解并自觉实践各行业的职业精神和职业规范，增强职业责任感，培养遵纪守法、爱岗敬业、无私奉献、诚实守信、公道办事、开拓创新的职业品格和行为习惯。

四、科学设计课程思政教学体系

高校要有针对性地修订人才培养方案，切实落实高等职业学校专业教学标准、本科专业类教学质量国家标准和一级学科、专业学位类别（领域）博士硕士学位基本要求，构建科学合理的课程思政教学体系。要坚持学生中心、产出导向、持续改进，不断提升学生的课程学习体验、学习效果，坚决防止"贴标签""两张皮"。

公共基础课程。要重点建设一批提高大学生思想道德修养、人文素质、科学精神、宪法法治意识、国家安全意识和认知能力的课程，注重在潜移默化中坚定学生理想信念、厚植爱国主义情怀、加强品德修养、增长知识见识、培养奋斗精神，提升学生综合素质。打造一批有特色的体育、美育类课程，帮助学生在体育锻炼中享受乐趣、增强体质、健全人格、锤炼意志，在美育教学中提升审美素养、陶冶情操、温润心灵、激发创造创新活力。

专业教育课程。要根据不同学科专业的特色和优势，深入研究不同专业的育人目标，深度挖掘提炼专业知识体系中所蕴含的思想价值和精神内涵，科学合理拓展专业课程的广度、深度和温度，从课程所涉专业、行业、国家、国际、文化、历史等角度，增加课程的知识性、人文性，提升引领性、时代性和开放性。

实践类课程。专业实验实践课程，要注重学思结合、知行统一，增强学生勇于探索的创新精神、善于解决问题的实践能力。创新创业教育课程，要注重让学生"敢闯会创"，在亲身参与中增强创新精神、创造意识和创业能力。社会实践类课程，要注重教育和引导学生弘扬劳动精神，将"读万卷书"与"行万里路"相结合，扎根中国大地了解国情民情，在实践中增长智慧才干，在艰苦奋斗中锤炼意志品质。

五、结合专业特点分类推进课程思政建设

专业课程是课程思政建设的基本载体。要深入梳理专业课教学内容，结合不同课程特点、思维方法和价值理念，深入挖掘课程思政元素，有机融入课程教学，达到润物无声的育人效果。

——文学、历史学、哲学类专业课程。要在课程教学中帮助学生掌握马克思主义世界观和方法论，从历史与现实、理论与实践等维度深刻理解习近平新时代中国特色社会主义思想。要结合专业知识教育引导学生深刻理解社会主义核心价值观，自觉弘扬中华优秀传统文化、革命文化、社会主义先进文化。

——经济学、管理学、法学类专业课程。要在课程教学中坚持以马克思主义为指导，加快构建中国特色哲学社会科学学科体系、学术体系、话语体系。要帮助学生了解相关专业和行业领域的国家战略、法律法规和相关政策，引导学生深入社会实践、关注现实问题，培育学生经世济民、诚信服务、德法兼修的职业素养。

——教育学类专业课程。要在课程教学中注重加强师德师风教育，突出课堂育德、典型树德、规则立德，引导学生树立学为人师、行为世范的职业理想，培育爱国守法、规范从教的职业操守，培养学生传道情怀、授业底蕴、解惑能力，把对家国的爱、对教育的爱、对学生的爱融为一体，自觉以德立身、以德立学、以德施教，争做有理想信念、有道德情操、有扎实学识、有仁爱之心的"四有"好老师，坚定不移走中国特色社会主义教育发展道路。体育类课程要树立健康第一的教育理念，注重爱国主义教育和传统文化教育，培养学生顽强拼搏、奋斗有我的信念，激发学生提升全民族身体素质的责任感。

——理学、工学类专业课程。要在课程教学中把马克思主义立场观点方法的教育与科学精神的培养结合起来，提高学生正确认识问题、分析问题和解决问题的能力。理学类专业课程，要注重科学思维方法的训练和科学伦理的教育，培养学生探索未知、追求真理、勇攀科学高峰的责任感和使命感。工学类专业课程，要注重强化学生工程伦理教育，培养学生精益求精的大国工匠精神，激发学生科技报国的家国情怀和使命担当。

——农学类专业课程。要在课程教学中加强生态文明教育，引导学生树立和践行绿水青山就是金山银山的理念。要注重培养学生的"大国三农"情怀，引导学生以强农兴农为己任，"懂农业、爱农村、爱农民"，树立把论文写在祖国大地上的意识和信念，增强学生服务农业农村现代化、服务乡村全面振兴的使命感和责任感，培养知农爱农创新人才。

——医学类专业课程。要在课程教学中注重加强医德医风教育，着力培养学生"敬佑生命、救死扶伤、甘于奉献、大爱无疆"的医者精神，注重加强医者仁心教育，在培养精湛医术的同时，教育引导学生始终把人民群众生命安全和身体健康放在首位，尊重患者，善于沟通，提升综合素养和人文修养，提升依法应对重大突发公共卫生事件能力，做党和人民信赖的好医生。

——艺术学类专业课程。要在课程教学中教育引导学生立足时代、扎根人民、深入生活，树立正确的艺术观和创作观。要坚持以美育人、以美化人，积极弘扬中华美育精神，引导学生自觉传承和弘扬中华优秀传统文化，全面提高学生的审美和人文素养，增强文化自信。

高等职业学校要结合高职专业分类和课程设置情况，落实好分类推进相关要求。

六、将课程思政融入课堂教学建设全过程

高校课程思政要融入课堂教学建设，作为课程设置、教学大纲核准和教案评价的重要内容，落实到课程目标设计、教学大纲修订、教材编审选用、教案课件编写各方面，贯穿于课堂授课、教学研讨、实验实训、作业论文各环节。要讲好用好马工程重点教材，推进教材内容进人才培养方案、进教案课件、进考试。要创新课堂教学模式，推进现代信息技术在课程思政教学中的应用，激发学生学习兴趣，引导学生深入思考。要健全高校课堂教学管理体系，改进课堂教学过程管理，提高课程思政内涵融入课堂教学的水平。要综合运用第一课堂和第二课堂，组织开展"中国政法实务大讲堂""新闻实务大讲堂"等系列讲堂，深入开展"青年红色筑梦之旅""百万师生大实践"等社会实践、志愿服务、实习实训活动，不断拓展课程思政建设方法和途径。

七、提升教师课程思政建设的意识和能力

全面推进课程思政建设，教师是关键。要推动广大教师进一步强化育人意识，找准育人角度，提升育人能力，确保课程思政建设落地落实、见功见效。要加强教师课程思政能力建设，建立健全优质资源共享机制，支持各地各高校搭建课程思政建设交流平台，分区域、分学科专业领域开展经常性的典型经验交流、现场教学观摩、教师教学培训等活动，充分利用现代信息技术手段，促进优质资源在各区域、层次、类型的高校间共享共用。依托高校教师网络培训中心、教师教学发展中心等，深入开展马克思主义政治经济学、马克思主义新闻观、中国特色社会主义法治理论、法律职业伦理、工程伦理、医学人文教育等专题培训。支持高校将课程思政纳入教师岗前培训、在岗培训和师德师风、教学能力专题培训等。充分发挥教研室、教学团队、课程组等基层教学组织作用，建立课程思政集体教研制度。鼓励支持思政课教师与专业课教师合作教学教研，鼓励支持院士、"长江学者"、"杰青"、国家级教学名师等带头开展课程思政建设。

加强课程思政建设重点、难点、前瞻性问题的研究，在教育部哲学社会科学研究项目中积极支持课程思政类研究选题。充分发挥高校课程思政教学研究中心、思想政治工作创新发展中心、马克思主义学院和相关学科专业教学组织的作用，构建多层次课程思政建设研究体系。

八、建立健全课程思政建设质量评价体系和激励机制

人才培养效果是课程思政建设评价的首要标准。建立健全多维度的课程思政建设成效考核评价体系和监督检查机制，在各类考核评估评价工作和深化高校教育教学改革中落细落实。充分发挥各级各类教学指导委员会、学科评议组、专业学位教育指导委员会、行业职业教育教学指导委员会等专家组织作用，研究制订科学多元的课程思政评价标准。把课程思政建设成效作为"双一流"建设监测与成效评价、学科评估、本科教学评估、一流专业和一流课程建设、专业认证、"双高计划"评价、高校或院系教学绩效考核等的重要内容。把教师参与课程思政建设情况和教学效果作为教师考核评价、岗位聘用、评优奖励、选拔培训的重要内容。在教学成果奖、教材奖等各类成果的表彰奖励工作中，突出课程思政要求，加大对课程思政建设优秀成果的支持力度。

九、加强课程思政建设组织实施和条件保障

　　课程思政建设是一项系统工程，各地各高校要高度重视，加强顶层设计，全面规划，循序渐进，以点带面，不断提高教学效果。要尊重教育教学规律和人才培养规律，适应不同高校、不同专业、不同课程的特点，强化分类指导，确定统一性和差异性要求。要充分发挥教师的主体作用，切实提高每一位教师参与课程思政建设的积极性和主动性。

　　加强组织领导。教育部成立课程思政建设工作协调小组，统筹研究重大政策，指导地方、高校开展工作；组建高校课程思政建设专家咨询委员会，提供专家咨询意见。各地教育部门和高校要切实加强对课程思政建设的领导，结合实际研究制定各地、各校课程思政建设工作方案，健全工作机制，强化督查检查。各高校要建立党委统一领导、党政齐抓共管、教务部门牵头抓总、相关部门联动、院系落实推进、自身特色鲜明的课程思政建设工作格局。

　　加强支持保障。各地教育部门要加强政策协调配套，统筹地方财政高等教育资金和中央支持地方高校改革发展资金，支持高校推进课程思政建设。中央部门所属高校要统筹利用中央高校教育教学改革专项等中央高校预算拨款和其他各类资源，结合学校实际，支持课程思政建设工作。地方高校要根据自身建设计划，统筹各类资源，加大对课程思政建设的投入力度。

　　加强示范引领。面向不同层次高校、不同学科专业、不同类型课程，持续深入抓典型、树标杆、推经验，形成规模、形成范式、形成体系。教育部选树一批课程思政建设先行校、一批课程思政教学名师和团队，推出一批课程思政示范课程、建设一批课程思政教学研究示范中心，设立一批课程思政建设研究项目，推动建设国家、省级、高校多层次示范体系，大力推广课程思政建设先进经验和做法，全面形成广泛开展课程思政建设的良好氛围，全面提高人才培养质量。